大数据技术系列丛书

大数据技术科普3

——大数据分析与挖掘

程 恺 郝文宁 靳大尉 别 林 编著

西安电子科技大学出版社

内 容 简 介

本书是大数据分析技术的入门图书，内容分为大数据分析与挖掘概述、Spark SQL 结构化数据分析与处理、Spark Streaming 流数据分析与处理、Spark GraphX 图数据分析与处理、Spark MLlib 机器学习和大数据分析系统等 6 章。通过每章的章节导读，读者能够快速了解本章相关内容的背景意义；通过相关理论及概念的介绍，读者能够对大数据分析的基本方法有整体认识和了解；通过典型案例的讲解，读者能够对大数据分析技术的应用有深刻认识。本书既注重基础知识也关注前沿问题，通过知识链接、小贴士等板块补充相关前沿知识内容。

本书可作为数据科学与大数据专业人员的入门读物，也可作为相关职业教育课程的参考书，还可作为大数据技术应用的爱好者以及各领域大数据建设、管理和运用者的参考书。

图书在版编目(CIP)数据

大数据技术科普.3，大数据分析与挖掘 / 程恺等编著. —西安：西安电子科技大学出版社，2023.4
ISBN 978-7-5606-6783-6

Ⅰ. ①大…　Ⅱ. ①程…　Ⅲ. ①数据处理—普及读物　Ⅳ. ①TP274-49

中国国家版本馆 CIP 数据核字(2023)第 041304 号

策　　划　戚文艳　李鹏飞
责任编辑　李鹏飞
出版发行　西安电子科技大学出版社(西安市太白南路 2 号)
电　　话　(029)88202421　88201467　　　　　邮　　编　710071
网　　址　www.xduph.com　　　　　　　电子邮箱　xdupfxb001@163.com
经　　销　新华书店
印刷单位　咸阳华盛印务有限责任公司
版　　次　2023 年 4 月第 1 版　2023 年 4 月第 1 次印刷
开　　本　787 毫米×1092 毫米　1/16　印 张　6.75
字　　数　152 千字
印　　数　1～2000 册
定　　价　27.00 元
ISBN 978-7-5606-6783-6 / TP
XDUP 7085001-1
如有印装问题可调换

前　　言

　　近年来科学技术的发展和普及促进了各领域的不断发展，各学科均出现了相互交融的现象。在这种背景下，数据正在从传统的结构化模式向着半结构化以及非结构化模式的方向转换，从以往作为常规的处理对象逐渐发展成为各行业领域具有战略性的基础资源。如何有效地处理这些海量的数据资源，发现其蕴藏的知识规律，需要大数据处理技术的支持。Spark 作为新兴的、应用范围广泛的大数据处理开源框架，可以从海量数据中找到值得参考的模式或规则，转换成有价值的知识，并创造更多新价值，从而吸引大量的大数据分析与挖掘从业人员进行相关内容的学习与开发。

　　本书结合 Spark 框架，较为全面地介绍了大数据分析与挖掘的相关知识，内容涵盖大数据分析与挖掘概述、Spark SQL 结构化数据分析与处理、Spark Streaming 流数据分析与处理、Spark GraphX 图数据分析与处理、Spark MLlib 机器学习和大数据分析系统。本书旨在通过通俗易懂的方式将复杂的大数据分析问题讲明白，帮助读者了解并掌握最新的大数据分析处理技术。

　　本书具有以下特点：

　　(1) 条理清晰，模块丰富，内容极具特色。

　　本书从"简单、易懂、实用、有效"出发，以素质为核心，以能力为本位，注重知识和技能的实际灵活应用。本书在内容的编写上设置了"章节导读""学习目标""思政目标""知识链接""课后思考"等模块，逐步引导读者更好地掌握知识内容。

　　(2) 注重实用性、技能性和应用性。

　　本书精选前沿大数据分析技术，力求知识新颖、案例丰富鲜活，同时配备丰富的教辅资源，理论与实践相结合，提升解决问题的能力，突出实用性、技能性和应用性。

　　(3) 理论为主，案例为辅，通俗易懂。

　　本书以基本理论介绍为主，辅以示例，讲解细致直观，抓住核心问题，力求将复杂的大数据分析技术方法以通俗易懂的方式讲明白。

　　在编写本书的过程中，我们参考了相关资料，在此对相关文献的作者表示衷心的感谢；

同时，我们也得到了许多同行的支持与帮助，在此表示感谢。由于编者能力有限，书中难免存在一些不足，敬请广大读者批评和指正。

编　者

2023 年 1 月

目　　录

第 1 章

大数据分析与挖掘概述

⌄ 章 节 导 读

当今社会，网络和信息技术已渗透到人类日常生活的方方面面，产生的数据量也呈现出指数级增长的态势。现有数据的量级已经远远超越了目前人力所能处理的范畴。如何管理和使用这些数据逐渐成为数据科学领域中一个全新的研究课题。当我们每天都面对海量数据时，是战斗还是退却，是去挖掘其中蕴含的无限资源，还是让它们自生自灭？我们的答案是："一切都取决于你自己。"海量而庞大的数据既可以是亟待销毁的垃圾，也可以是有待挖掘的珍宝，这一切都取决于操控者的眼界与能力。

⌄ 学 习 目 标

- 熟悉大数据(Big Data)分析的计算模式。
- 认知 Spark 计算框架的发展。
- 掌握 Spark 与 Hadoop 的差异。

⌄ 思 政 目 标

通过认识大数据分析计算框架，以小组形式进行团队合作完成大数据分析任务，培养团队合作意识；指导学生在所学专业中挖掘与大数据分析相关联的领域，通过思维迁移的方式提高学生解决大数据专业相关问题的能力。

1.1　大数据分析的计算模式

随着市场竞争的加剧，各行业对数据挖掘技术的需求越来越强烈，可以预计，未来几年各行业的数据分析应用一定会从传统的统计分析发展到大规模的数据挖掘应用。大数据分析的核心技术通常指的是大数据的分布式存储与计算，因此，熟悉大数据的分布式存储以及掌握大数据分析的计算模式有助于使用者或开发者更好地分析与挖掘数据。典型的大数据分析计算模式以批处理计算为基础，包括查询分析计算、流计算、图计算和机器学习等部分(见表 1-1)。

表 1-1 大数据分析计算模式示意表

大数据分析 计算模式	应 用 场 景	代 表 性 产 品
批处理计算	针对大规模数据的批量处理	MapReduce、Spark 等
查询分析计算	基于大规模历史数据的交互式查询分析	Dremel、Hive、Cassandra、Impala 等
流计算	针对流数据的实时计算	S4、Storm、Flume、Puma、DStream、银河流数据处理平台等
图计算	针对大规模图结构数据的处理	Pregel、GraphX、Giraph、PowerGraph、Hama、GoldenOrb 等
机器学习	从大规模历史数据中发现知识和规律	Mahout、MLlib 等

1. 批处理计算

批处理计算主要针对大规模数据的批量处理，例如军事训练演习产生海量的数据，为了对军事训练演习情况精准掌握就需要对其所产生的海量数据进行分析计算。

批处理计算代表性的产品有 MapReduce、Spark 等(见图 1-1)。MapReduce 和 Spark 这两个计算框架本质上都是面向批处理计算的。

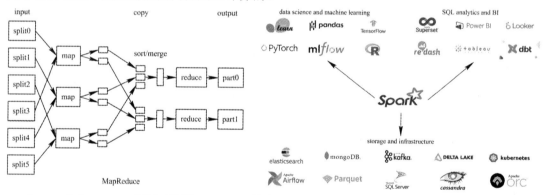

input—输入；copy—复制（拷贝）；output—输出；split—切分；sort/merge—排序/合并；map—映射；reduce—归约；part—部分；data science and machine learning—数据科学与机器学；SQL analytics and BI—SQL 分析与商业智能；storage and infrastructure—存储和基础设施。

图 1-1 批处理计算代表性产品

2. 查询分析计算

查询分析计算主要针对基于大规模历史数据的交互式查询(interactive query)分析，如存储在分布式数据库中的海量数据的查询分析问题。

查询分析计算代表性的产品有 Dremel、Hive、Cassandra 等，它们对 1 PB 的数据进行查询分析通常只需要 2～3 s，性能优秀。

3. 流计算

流计算主要针对流数据的实时计算给出实时响应。例如，作战过程中对实时感知的战场态势数据的计算，这些数据会源源不断地到达，并且需要在秒级甚至毫秒级的时间里给出计算结果。与之相比，批处理对计算时间通常没有要求，几分钟、几小时甚至几天都可以，时效性是批处理与流计算最显著的差别。流计算代表性的产品有 S4、Storm、Flume等，其中 Storm 的时效性最高，可达毫秒级。

4. 图计算

图计算主要针对大规模图结构数据的处理。当需要对实体与实体之间的关系进行建模时，通常使用图结构的数据来描述。例如，在军事物流中，将每个物流配送站点看作节点，站点之间存在配送关系则看作边，那么整个配送站点及其之间的关系就可用图结构来描述。若想看看从一个站点到另一站点怎么走路径最短，则可以通过图计算来实现。

再比如微博、微信等社交媒体中，每个网民都可以是一个节点，好友与好友之间构成一条边，从而通过图计算可以发现社交群体、最受关注的人等。

图计算代表性的产品有谷歌公司的 Pregel 等，是专门针对大规模图数据进行分析计算的工具。

5. 机器学习

大数据分析中的机器学习主要针对的是从大规模历史数据中发现知识和规律的问题(见图 1-2)。

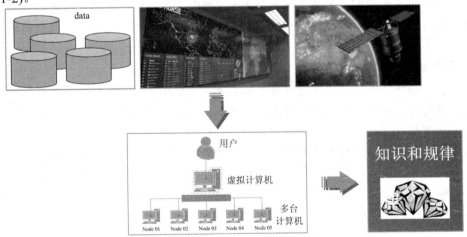

图 1-2　大数据分析中的机器学习

例如，利用关联分析、分类、回归、聚类等算法从海量军事情报数据中发现敌方行为规律、作战模式等，进而为我方作战决策提供重要依据。

机器学习代表性的产品有 Mahout、MLlib 等，它们都包含了丰富的算法库，能够解决各类机器学习问题。

机器学习的基本任务包括利用分类与预测、聚类分析、关联规则、时序模式、偏差检测、智能推荐等方法，帮助企业提取数据中蕴含的商业价值，提高企业的竞争力。

大数据分析的要素

大数据时代最重要的技能是掌握对大数据的分析能力。只有通过大数据分析，提炼出其中所包含的有价值的内容才能够真正做到"为我所用"。换言之，如果把大数据比作一块沃土，那么只有强化对土地的"耕耘"能力才能通过"加工"实现数据的"增值"。

一般来说，大数据分析涉及以下 5 个要素。

1. 有效的数据质量

任何数据分析都来源于真实的数据基础，而真实数据是采用标准化流程和工具对数据进行处理得到的，可以保证预先定义好的高质量的分析结果。

2. 优秀的分析引擎

对于大数据来说，数据的来源多种多样，特别是非结构化数据，其来源的多样性给大数据分析带来了新的挑战，因此需要一系列的工具去解析、提取、分析数据。大数据分析引擎用于从数据中提取我们所需要的信息。

3. 合适的分析算法

采用合适的大数据分析算法，能让我们深入数据内部挖掘其价值。在算法的具体选择上，不仅要考虑大数据处理的数量，还要考虑大数据处理的速度。

4. 对未来的合理预测

数据分析的目的是对已有数据体现出来的规律进行总结，并且将现象与其他情况紧密连接在一起，从而获得对未来发展趋势的预测。大数据分析也是如此。不同的是，在大数据分析中，数据来源的基础更为广泛，需要处理的方面也更多。

5. 数据结果的可视化

大数据的分析结果更多的是为决策者和普通用户提供决策支持和意见提示。因此，要求数据结果经可视化能够直观地反映出经过分析后得到的信息与内容，并且较为容易地被使用者所理解和接受。

大数据分析是数据分析最前沿的技术。这种新的数据分析是以目标导向的，不用关心数据的来源和具体格式，就能够根据我们的需求去处理各种结构化、半结构化和非结构化的数据，配合使用合适的分析引擎，输出有效结果，提供一定程度上的对未来趋势的预测分析服务，面向更广泛的用户快速部署数据分析应用。

1.2 认识大数据分析计算框架 Spark

1. Spark 简介

Spark 最初由美国加州伯克利大学(UC Berkeley)的 AMP 实验室于 2009 年开发。当时已经有了 Hadoop 的 MapReduce 计算框架,为什么他们还去开发 Spark?原因是 MapReduce 在计算时存在磁盘读写频繁、I/O 开销大的问题,于是他们针对这些问题进行了改进,专门设计了新型的基于内存的计算框架 Spark。它可以帮助使用者或开发者构建大型的、低延迟的数据分析应用程序。Spark 从 2010 年开始正式对外开源;2012 年,Spark 的 0.16 版本开始快速推广并得到应用;2014 年,Spark 发布的 1.0.0 版本已经完全成熟,成为大数据开发的必备技术方案;2016 年发布了 2.0.0 版本,此时 Spark 和 Structured Streaming 在生产环境中开始被大量使用;2020 年 6 月,Spark 发布了 3.0.0 版本,并进一步在 SQL(Structured Query Language,结构化查询语言)智能优化和 AI(Artificial Intelligence,人工智能)方面做出了重大改进。随着数据湖(Data Lake)和 AI 的快速发展,Spark 正以更灵活的方式拥抱数据湖和 AI,Spark + AI 将成为未来发展的重要方向。

1) Spark 生态介绍

Spark 生态也称为伯克利数据分析栈(Berkeley Data Analytics Stack,BDAS),由伯克利 APM 实验室打造,是在算法(algorithm)、机器(machine)和人(people)之间通过大规模集成来构建大数据应用的一个平台。BDAS 通过对通信、大数据、机器学习、云计算等技术的运用以及资源的整合,试图通过对人类生活中海量的不透明数据进行收集、存储、分析和计算,以使人类从数字化的角度更好地理解我们自身所处的世界。从 Spark 生态的概念中可以看出,Spark 生态的范围十分广泛。接下来从多语言支持、多调度框架的运行、多组件支撑下的多场景应用、多种存储介质、多数据格式等角度介绍 Spark 生态中一些常用的技术。

(1) 多语言支持。Spark 生态以 Spark Core 为核心,支持 R、Python、Scala 和 Java 等多种语言。

(2) 多调度框架的运行。在资源调度层,Spark 既可以运行在本地模式(local)、独立模式(standalone)或 YARN 模式下,也可以运行在 Mesos 和 Kubernetes 资源调度框架之下。

(3) 多组件支撑下的多场景应用。在 Spark Core 的基础上,Spark 提供了 Spark MLlib、GraphX、SparkR、Spark SQL、Spark Streaming 等组件。其中,Spark MLlib 用于机器学习,GraphX 用于图计算,SparkR 用于提供对 R 语言数据计算的支持,Spark SQL 用于即时查询,Spark Streaming 用于流式计算。

(4) 多种存储介质。在存储层,Spark 既支持从 Hadoop 分布式文件系统(Hadoop Distributed File System,HDFS)、Hive、Ceph、AWS S3 中读取和写入数据,也支持从 HBase、Cassandra、ElasticSearch、MongoDB 等数据库中读取和写入数据,还支持从 MySQL、PostgreSQL 等关系数据库中读取和写入数据,以及支持从图数据库 Neo4j 中读取和写入数据,甚至支持从 Redis 等分布式内存数据库中读取和写入数据。在流式计算中,Spark Streaming 支持从 Flume、Kafka、Socket 服务、Kinesis 等多种数据源获取数据并实时执行流式计算。

(5) 多数据格式。Spark 支持的数据格式也很丰富,既包括常见的 TEXT、JSON、CSV 格式,也包括大数据中经常使用的 Parquet、ORC 和 AVRO 格式。其中,Parquet、ORC 和 AVRO 格式在数据压缩和海量数据的快速查询方面优势明显。

2) Spark 模块组成与运行模式

(1) Spark 模块组成。Spark 基于 Spark Core 建立了 Spark SQL、Spark Streaming、GraphX、Spark MLlib、SparkR 等核心组件,基于不同的组件可以实现不同的计算任务。

从运行模式看,Spark 任务的运行模式有本地模式、独立模式、Mesos 模式、YARN 模式和 Kubernetes 模式。

从数据源来看，Spark 任务的计算可以基于 HDFS、AWS S3、ElasticSearch、HBase 或 Cassandra 等多种数据源。

① Spark Core。Spark Core 的核心组件包括基础设施、存储系统、调度系统和计算引擎。其中，基础设施包括 SparkConf(配置信息)、SparkContext(上下文信息)、Spark RPC(远程过程调用)、ListenerBus(事件监听总线)、MetricsSystem(度量系统)和 SparkEvn(环境变量)；存储系统包括内存和磁盘等；调度系统包括有向无环图(Directed Asyclic Graph，DAG)调度器和任务调度器等；计算引擎包括内存管理器、任务管理器和 Shuffle 管理器等。

② Spark SQL。Spark 提供了两个抽象的编程对象，分别为 DataFrame(数据框)和 Dataset(数据集)，它们是分布式 SQL 查询引擎的基础，Spark 正是基于它们构建了基于 SQL 的数据处理方式(见图 1-3)。这使得分布式数据的处理变得十分简单，开发人员只需要将数据加载到 Spark 中并映射为表，就可以通过 SQL 语句来实现数据分析。

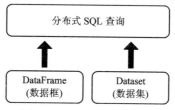

图 1-3　Spark SQL 的构建

③ Spark Streaming。Spark Streaming 为 Spark 提供了流式计算的能力。Spark Streaming 支持从 Kafka、HDFS、Twitter、AWS Kinesis、Flume 和 TCP 服务等多种数据源获取数据，然后利用 Spark 计算引擎，在数据经过 Spark Streaming 的微批处理后，最终将计算结果写入 Kafka、HDFS、Cassandra、Redis 和 Dashboard(报表系统)。此外，Spark Streaming 还提供了基于时间窗口的批量流操作，用于对一定时间周期内的流数据执行批量处理。

④ GraphX。GraphX 用于分布式图计算。利用 Pregel 提供的应用程序编程接口 (Application Programming Interface，API)，开发人员可以快速实现图计算的功能。

⑤ Spark MLlib。Spark MLlib(见图 1-4)是 Spark 的机器学习库。Spark MLlib 提供了统计、分类、回归等多种机器学习算法的实现，其简单易用的 API 降低了机器学习的门槛。

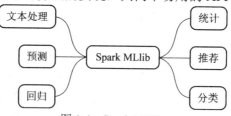

图 1-4　Spark MLlib

⑥ SparkR。SparkR 是一个 R 语言包，它提供了一种轻量级的基于 R 语言使用 Spark 的方式。SparkR 实现了分布式的数据框，支持类似于查询、过滤及聚合这样的操作，功能类似于 R 语言中的 DataFrame 包 dplyr。SparkR 使得 Spark 能够基于 R 语言更方便地处理大规模的数据集，同时 SparkR 还支持机器学习。

(2) Spark 运行模式。Spark 运行模式指的是 Spark 在哪一个资源调度平台上以何种方式(一般分单机和集群两种方式)运行。Spark 运行模式主要包括 local、standalone)、YARN、

Mesos、Kubernetes 及 Cloud(运行在 AWS 等公有云平台上)，见表 1-2。

表 1-2　Spark 运行模式

运行模式	运行方式	说　　明
local	单机方式	本地模式，常用于本地开发测试，本地模式又分为 local 单线程和 local-cluster 多线程两种方式
standalone	单机方式	独立模式，运行在 Spark 自己的资源管理框架上，该框架采用主从结构设计
YARN	集群方式	运行在 YARN 资源管理框架上，由 YARN 负责资源管理，Spark 负责任务调度和计算
Mesos	集群方式	运行在 Mesos 资源管理框架上，由 Mesos 负责资源管理，Spark 负责任务调度和计算
Kubernetes	集群方式	运行在 Kubernetes 上
Cloud	集群方式	运行在 AWS、阿里云、华为云等公有云平台上

2.　Spark 的特点

Spark 作为目前大数据计算领域必备的计算引擎已经成为不争的事实，在生产环境中 Spark 的批量计算基本上完全替代了传统的 MapReduce 计算，Spark 的流式计算则取代了大部分以 Storm 为基础的流式计算。而且随着人工智能的迅速发展，Spark 近几年也持续在机器学习和 AI 方向发力，在机器学习的模型训练中起着至关重要的作用。基于以上事实，无论对数据研发工程师还是机器学习等算法工程师而言，Spark 都是必须掌握的一门技术。

为什么 Spark 会拥有如此重要的地位呢？这和 Spark 本身的特点有直接关系。Spark 的特点是计算速度快、易于使用。此外，Spark 还提供了一站式大数据解决方案，支持多种资源管理器，且 Spark 生态圈丰富，包含了 Spark Core、Spark SQL、Spark Streaming、MLlib 和 GraphX 等组件。这些组件分别处理 Spark Core 提供内存计算框架、SparkStreaming 的实时处理应用、Spark SQL 的即时查询、MLlib 或 MLbase 的机器学习和 GraphX 的图处理，它们能够无缝集成并提供一站式解决平台(见图 1-5)。

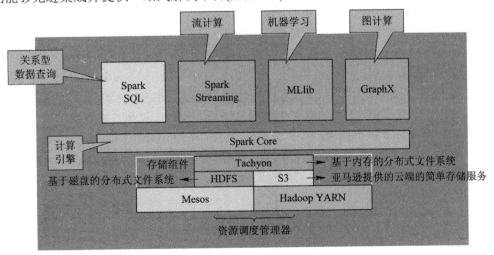

图 1-5　Spark 的特点

1) 计算速度快

Spark 将每个任务构造成 DAG 来执行，其内部计算过程是基于弹性分布式数据集 (Resilient Distributed Dataset，RDD)在内存中对数据进行迭代计算的，因此运行效率很高。

Spark 官网上的数据表明，当 Spark 计算所需的数据在磁盘上时，Spark 的数据处理速度是 Hadoop MapReduce 的 10 倍以上；当 Spark 计算所需的数据在内存中时，Spark 的数据处理速度是 Hadoop MapReduce 的 100 倍以上。

2) 易于使用

首先，Spark 的算子十分丰富。Spark 支持 80 多个高级运算操作，开发人员只需要按照 Spark 封装好的 API 实现即可，不需要关心 Spark 的底层架构，使用起来易于上手，十分方便。其次，Spark 支持多种编程语言，包括 Java、Scala、Python 等，这使得具有不同编程语言背景的开发人员都能快速开展 Spark 应用的开发并相互协作，而不用担心因编程语言不同带来困扰。最后，由于 Spark SQL 的支持，Spark 开发门槛进一步降低，开发人员只需要将数据加载到 Spark 中并映射为对应的表，就可以直接使用 SQL 语句对数据进行分析和处理，使用起来既简单又方便。综上所述，Spark 是一个易于使用的大数据平台。

3) 一站式大数据解决方案

Spark 提供了多种类型的开发库，包括 Spark Core API、即时查询(Spark SQL)、实时流处理(Spark Streaming)、机器学习(Spark MLlib)、图计算(GraphX)，使得开发人员可以在同一个应用程序中按需使用各种类库，而不用像传统的大数据方案那样将离线任务放在 Hadoop MapReduce 上运行，也不需要将实时流式计算任务放在 Flink 上运行并维护多个计算平台。Spark 提供了从实时流式计算、离线计算、SQL 计算、图计算到机器学习的一站式解决方案，为多场景应用的开发带来了极大便利。

4) 支持多种资源管理器

Spark 支持 Standalone、Hadoop YARN、Apache Mesos、Kubernetes 等多种资源管理器，用户可以根据现有的大数据平台灵活地选择运行模式。

5) Spark 生态圈丰富

Spark 生态圈以 Spark Core 为核心，支持从 HDFS、Amazon S3、HBase、ElasticSearch、MongoDB、MySQL、Kafka 等多种数据源读取数据。同时，Spark 支持以 Standalone、Hadoop YARN、Apache Mesos、Kubernetes 为资源管理器调度任务，从而完成 Spark 应用程序的计算任务。另外，Spark 应用程序还可以基于不同的组件来实现，如 Spark Shell、Spark Submit、Spark Streaming、Spark SQL、BlinkDB(权衡查询)、Spark MLlib(机器学习)、GraphX(图计算)和 SparkR(数学计算)等组件。Spark 生态圈已经从大数据计算和数据挖掘扩展到图计算、机器学习、数学计算等多个领域。

知识链接

学好 Spark 的关键点

Spark 的诸多优势使得 Spark 成为目前最流行的计算引擎，那么学好 Spark 的关键点都有哪些呢？学好 Spark 的关键点具体如图 1-6 所示。

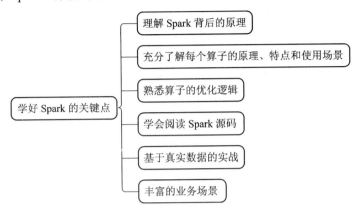

图 1-6　学好 Spark 的关键点

（1）只有充分理解 Spark 分布式计算引擎背后的原理，才能为后续基于不同场景快速实现不同的功能以及进行任务优化打下坚实的基础。

（2）只有充分了解算子背后的原理，才能在不同场景中游刃有余地使用它们。

（3）通常，基于 Spark 实现某个数据分析功能相对而言比较简单，可能只需要简单的几行 SQL 代码就能实现。但是，在实践中经常会遇到数据倾斜、长尾任务、部分任务超时等情况，此时就需要熟悉数据模型和 Spark 算子的优化逻辑，并根据数据模型的特点和各个任务上数据的分布对其进行调优，以消除数据倾斜等问题，保障任务稳定运行。

（4）在对 Spark 的原理和使用有了一定的了解后，可以尝试阅读 Spark 源码，这对于在实践中遇到问题时快速定位和处理问题有很大的帮助。尤其在遇到错误时，可以通过源码快速了解出错的日志处 Spark 源码上下文的执行逻辑，从而快速定位问题，避免花费大量精力和反复尝试解决问题。

（5）同样的代码在不同规模的数据集上有时候能正常运行并计算出结果，但有时候会出现计算超时或任务失败等情况，这在日常的大数据开发中是很常见的事情。大数据计算首先需要有大量的数据才能更好地验证应用程序的稳定性和健壮性，因此基于真实数据的实战是掌握 Spark 的关键。

（6）除了基于真实数据进行实战之外，丰富的业务场景也是学好 Spark 的关键点之一。只有在具备丰富的应用场景后，才能更好地理解 Spark 模块在不同场景中的应用，如 Spark 流式计算、Spark 机器学习、Spark 图计算等模块。

3.　Spark 与 Hadoop MapReduce 的对比

Hadoop 是 Apache 软件基金会旗下的一个开源分布式计算平台。Hadoop 以 HDFS 和 MapReduce(Google MapReduce 的开源实现)为核心，为用户提供了系统底层细节透明的分布式基础架构。HDFS 的高容错性、高伸缩性等优点允许用户将 Hadoop 部署在低廉的硬件上，形成分布式文件系统；MapReduce 分布式编程模型允许用户在不了解分布式系统底层细节的情况下开发并行应用程序。用户可以利用 Hadoop 轻松地组织计算机资源，简便、快速地搭建分布式计算平台，并且可以充分利用集群的计算和存储能力，完成海量数据的处理。

Apache Hadoop 目前版本(2.X 版)含有以下模块：

(1) Hadoop 通用模块，支持其他 Hadoop 模块的通用工具集；

(2) Hadoop 分布式文件系统(HDFS)，支持对应用数据高吞吐量访问的分布式文件系统；

(3) Hadoop YARN，用于作业调度和集群资源管理的框架；

(4) Hadoop MapReduce，基于 YARN 的大数据并行处理系统。

HDFS 具有高容错性的特点，并且被设计用来部署在低廉的硬件上。它提供高吞吐量来访问应用程序的数据，适合那些有着超大数据集的应用程序；YARN 被称为下一代 Hadoop 计算平台，主要包括 ResourceManager、ApplicationMaster 和 NodeManager。其中 ResourceManager 有两个重要的组件：Scheduler 和 ApplicationsManager。Scheduler 负责分配资源给每个正在运行的应用，同时需要注意 Scheduler 是一个单一的分配资源的组件，不负责监控或者跟踪任务状态的任务，而且它不保证重启失败的任务。ApplicationsManager 负责接受任务的提交和执行应用的第一个容器 ApplicationMaster 协调，同时提供当任务失败时重启的服务；Hadoop MapReduce 是一个快速、高效、简单的用于编写并行处理大数据程序并应用在大集群上的编程框架。

Spark 相对 Hadoop MapReduce 主要有以下优势。

1) 高性能

Spark 继承了 Hadoop MapReduce 大数据计算的优点，但不同于 MapReduce 的是：MapReduce 每次执行任务时的中间结果都需要存储到 HDFS 磁盘上，而 Spark 每次执行任务时的中间结果可以保存到内存中，因而不再需要读写 HDFS 磁盘上的数据(见图 1-7)。

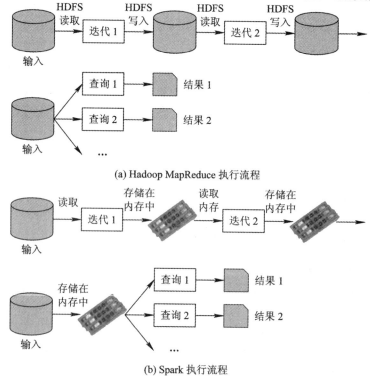

(a) Hadoop MapReduce 执行流程

(b) Spark 执行流程

图 1-7　Spark 与 Hadoop MapReduce 执行流程对比

这里假设任务的计算逻辑需要执行两次迭代计算才能完成，在 MapReduce 任务的计算过程中，MapReduce 任务首先从 HDFS 磁盘上读取数据，然后执行第一次迭代计算，等到第一次迭代计算完成后，才会将计算结果写入 HDFS 磁盘；当第二次迭代计算开始时，需要从 HDFS 磁盘上读取第一次迭代计算的结果并执行第二次迭代计算，并且等到第二次迭代计算完成后，才将计算结果写到 HDFS 磁盘上，此时整个迭代计算过程才完成。可以看出，在 MapReduce 任务的计算过程中，分别经历了两次 HDFS 磁盘上的数据读和两次 HDFS 磁盘上的数据写，而大数据计算产生的耗时很大一部分来自磁盘数据的读写，尤其是在数据超过 TB(太字节)级别后，磁盘读写这个耗时因素将变得更加明显。为了解决数据读写磁盘慢的问题，Spark 会将中间的计算结果保存到内存中(前提是内存中有足够的空间)。当后面的迭代计算需要用到这些数据时，Spark 可直接从内存中读取它们。因为内存中数据的读写速度和磁盘上数据的读写速度不是一个级别，所以 Spark 通过从内存中读写数据，这样能够更快速地完成数据的处理。例如，对于同一个需要两次迭代计算的任务，在 Spark 任务的计算过程中，首先会从 HDFS 磁盘上读取数据并执行第一次迭代计算，在第一次迭代计算完成后，Spark 会将计算结果保存到分布式内存中；等到执行第二次迭代计算时，Spark 会直接从内存中读取第一次迭代计算的结果并执行第二次迭代计算，并在第二次迭代计算完成后，将最终结果写入 HDFS 磁盘。可以看出，Spark 在任务执行过程中分别进行了一次 HDFS 磁盘读和一次 HDFS 磁盘写。也就是说，Spark 仅在第一次读取源数据和最后一次将结果写出时，才会基于 HDFS 进行磁盘数据的读写，而计算过程中产生的中间数据都存放在内存中。因此，Spark 的计算速度自然要比 MapReduce 快很多。

2) 高容错性

对于任何一个分布式计算引擎来说，容错性都是必不可少的功能，因为几乎没有人能够忍受任务的失败和数据的错误或丢失。在单机环境下，开发人员可以通过锁、事务等方式保障数据的正确性。但是，对于分布式环境来说，既需要将数据打散分布在多个服务器上以并发执行，也需要保障集群中的每份数据都是正确的，后者相对来说实现难度就大多了。另外，由于网络故障、系统硬件故障等问题不可避免，因此分布式计算引擎还需要保障在系统发生故障时，能及时从故障中恢复并保障故障期间数据的正确性。

Spark 从基于"血统"(lineage)的数据恢复和基于检查点(checkpoint)的容错两方面提高系统的容错性。Spark 引入了 RDD 的概念。RDD 是分布在一个或多个节点上的只读数据的集合，这些集合是弹性的并且相互之间存在依赖关系，数据集之间的这种依赖关系又称为"血缘关系"。如果数据集中的一部分数据丢失，则可以根据"血缘关系"对丢失的数据进行重建。假设一个任务中包含了 Map 计算、Reduce 计算和其他计算，当基于 Reduce 计算的结果进行计算时，如果任务失败导致数据丢失，则可以根据之前 Reduce 计算的结果对数据进行重建，而不必从 Map 计算阶段重新开始计算。这样便根据数据的"血缘关系"快速完成了故障恢复(见图 1-8)。

Spark 任务在进行 RDD 计算时，可以通过检查点来实现容错。例如，当编写一个 Spark Stream 程序时，可以为其设置检查点，这样当出现故障时，便可以根据预先设置的检查点从故障点进行恢复，从而避免数据的丢失和保障系统的安全升级等。

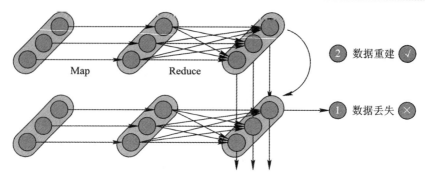

图 1-8 Spark 基于"血缘关系"进行数据恢复

3) 通用性

Spark 是通用的大数据计算框架，这主要表现在两个方面：一是 Spark 相对于 Hadoop 来说支持更多的数据集操作；二是 Spark 支持更丰富的计算场景。

【小贴士】

Hadoop 只支持 Map 和 Reduce 操作，而 Spark 支持的数据集操作类型丰富得多，具体分为 Transformation 操作和 Action 操作两种。Transformation 操作包括 Map、Filter、FlatMap、Sample、GroupByKey、ReduceByKey、Union、Join、Cogroup、MapValues、Sort 和 PartitionBy 等操作。Action 操作则包括 Collect、Reduce、Lookup 和 Save 等操作。另外，Spark 的计算节点之间的通信模型不但支持 Shuffle 操作，而且支持用户命名、物化视图、控制中间结果的存储、数据分区等。

由于性能卓越，Spark 被广泛应用于复杂的批数据处理(batch data processing)，这种场景下的数据延迟一般要求在几十分钟或几分钟；基于历史数据的交互式查询这种场景下的数据延迟一般也要求在几十分钟或几分钟；而基于实时数据流的数据处理(streaming data processing)场景下的数据延迟通常要求在数百毫秒到数秒之间。Spark 还被广泛应用于图计算和机器学习领域。

课后思考

1. 简述 Spark 生态。

2. 简述 Spark 模块组成与运行模式。

3. Spark 相对 Hadoop MapReduce 有何优势？

第2章

Spark SQL 结构化数据分析与处理

章 节 导 读

　　Spark SQL 的底层是基于 DataFrame 实现的，DataFrame 是结构化的数据集。基于 Spark SQL，开发人员可以通过简单的 SQL 实现复杂的大数据计算。在内部，Spark SQL 会将 SQL 语句的语义转换为 RDD 之间的操作，然后提交到集群并执行。Spark 的运行和计算都慢慢转向围绕 DataFrame 来进行。DataFrame 可以看成一个简单的"数据矩阵(数据框)"或"数据表"，对其进行操作也只需要调用有限的数组方法即可。它与一般"表"的区别在于：DataFrame 是分布式存储，可以更好地利用现有的云数据平台，并在内存中运行。

学 习 目 标

- 熟悉 Hive 的原理与架构。
- 了解 Spark SQL 与 Hive 的关系。
- 认识 DataFrame，并了解其重要性。
- 掌握 DataFrame 的工作原理。

思 政 目 标

　　理解结构化数据分析与处理对社会发展的影响，明确社会成员应承担的责任。不断培养创新思维，将编程与实战结合起来，为后续的各种编程操作奠定基础。培养学生的信息意识、计算思维、信息社会责任等核心素养。

2.1　Spark SQL 简介

1. Hive

　　Hive 最初是应 Facebook 每天产生的海量新兴社会网络数据进行管理和机器学习的需求而产生和发展的，是建立在 Hadoop 上的数据仓库基础构架。作为 Hadoop 的一个数据仓库工具，Hive 可以将结构化的数据文件映射为一张数据库表，并提供简单的 SQL 查询功能。Hive 作为构建在 Hadoop 之上的数据仓库，提供了一系列可以用来进行数据提取转化加载(Extract Transform Load，ETL)的工具，这是一种可以存储、查询和分析存储在 Hadoop 中的大规模数据的机制。

Hive 定义了简单的类 SQL 查询语言(称为 HQL)，方便熟悉 SQL 的用户查询数据。同时，该语言也允许熟悉 MapReduce 的开发者开发自定义的 Mapper 和 Reducer 来处理内建的 Mapper 和 Reducer 所无法完成的复杂的分析工作(见图 2-1)。

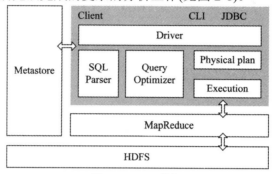

图 2-1　Hive 构架

Hive 没有专门的数据格式。Hive 可以很好地工作在 Thrift 之上，控制分隔符，也允许用户指定数据格式。

Hive 具有以下特点：

(1) 支持索引，加快数据查询。

(2) 不同的存储类型，如纯文本文件、HBase 中的文件。

(3) 将元数据保存在关系数据库中，大大减少了在查询过程中执行语义检查的时间。

(4) 可以直接使用存储在 Hadoop 文件系统中的数据。

(5) 内置大量用户函数 UDF 来操作时间、字符串和其他的数据挖掘工具，支持用户扩展 UDF 函数来完成内置函数无法实现的操作。

(6) 类 SQL 的查询方式，将 SQL 查询转换为 MapReduce 的 Job 在 Hadoop 集群上执行。

Hive 构建在基于静态批处理的 Hadoop 之上，Hadoop 通常会有较高的延迟并且在作业提交和调度时需要大量的开销。因此，Hive 并不能在大规模数据集上实现低延迟快速的查询。例如，Hive 在几百兆字节(MB)的数据集上执行查询一般有分钟级的时间延迟。因此，Hive 并不适合那些需要低延迟的应用，如联机事务处理(On-Line Transaction Processing，OLTP)。Hive 查询操作过程严格遵守 Hadoop MapReduce 的作业执行模型，Hive 将用户的 Hive QL 语句通过解释器转换为 MapReduce 作业提交到 Hadoop 集群上，Hadoop 监控作业执行过程，然后返回作业执行结果给用户。Hive 并非为联机事务处理而设计，Hive 并不提供实时查询和基于行级的数据更新操作。Hive 的最佳使用场合是大数据集的批处理作业，如网络日志分析。

1) Hive 的原理

严格来说，Hive 不存储数据，它是借助底层的 HDFS 来保存数据的。Hive 将 SQL 语句转化为 MapReduce 作业的过程，进而完成对 HDFS 中数据的查询分析(见图 2-2)。可以将 Hive 看作一个编程接口，即输入一个 SQL 语句，它能够将其转化为抽象语法树，然后将抽象语法树转化成查询块，然后把查询块转化成逻辑查询计划，然后重写逻辑查询计划，然后把逻辑查询计划转化为物理查询计划，最终选择最佳的优化查询策略，把它转化为底层的 MapReduce 程序。这是 Hive 执行的基本原理。

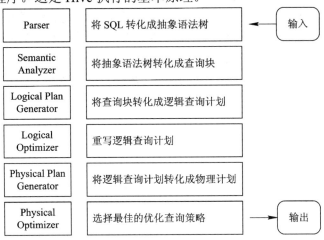

图 2-2　Hive 中 SQL 查询的 MapReduce 转化过程

2) Hive 的架构

Hive 的架构如图 2-3 所示。

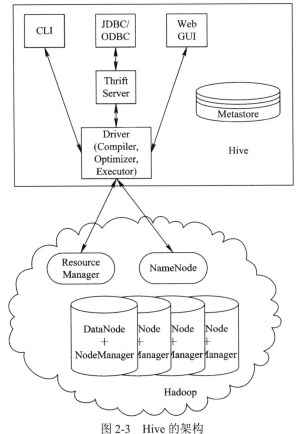

图 2-3　Hive 的架构

从图 2-3 中可以看到，Hive 包含用户访问接口(CLI、JDBC/ODBC、Web GUI 和 Thrift

Server)、元数据存储(Metastore)、驱动组件(包括编译、优化、执行驱动)。

　　用户访问接口即用户用来访问 Hive 数据仓库所使用的工具接口，其中 CLI(Command Line Interface)即命令行接口。Thrift Server 是 Facebook 开发的一个软件框架，它用来开发可扩展且跨语言的服务，Hive 集成了该服务，能让不同的编程语言调用 Hive 的接口。Hive 客户端提供了通过网页的方式访问 Hive 提供的服务，这个接口对应 Hive 的 HWI(Hive Web Interface)组件，使用前要启动 HWI 服务。

　　元数据存储(Metastore)主要存储 Hive 中的元数据，包括表的名称、表的列和分区及其属性、表的属性(是否为外部表等)、表的数据所在目录等，一般使用 MySQL 或 Derby 数据库。Metastore 和 Hive Driver 驱动的互联有两种方式，一种是集成模式(见图 2-4)，一种是远程模式(见图 2-5)。

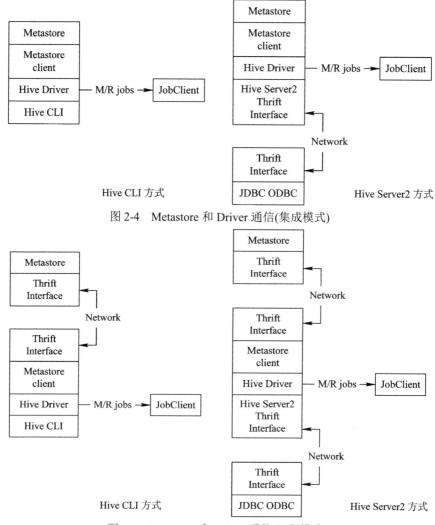

图 2-4　Metastore 和 Driver 通信(集成模式)

图 2-5　Metastore 和 Driver 通信(远程模式)

　　驱动组件包括编译器、优化器和执行引擎，分别完成 HQL 查询语句的词法分析、语法分析、编译、优化以及查询计划的生成。生成的查询计划存储在 HDFS 中，并在随后由 MapReduce 调用执行。

Hive 的数据模型

Hive 的数据模型包含表(table)、外部表(external table)、分区(partition)和桶(bucket)。

1. 表

Hive 中的表和关系型数据库中的表在概念上很类似，每个表在 HDFS 中都有相应的目录用来存储表的数据，这个目录可以通过 $ HIVE_HOME/conf/hive-site.xml 配置文件中的 hive.metastore.warehouse.dir 属性来配置，这个属性的默认值是/user/hive/warehouse (这个目录在 HDFS 上)，可以根据实际情况来修改这个配置。如果有一个表 employees，那么在 HDFS 中会创建/user/hive/warehouse/employees 目录，employees 表的所有数据都会存放在这个目录中。

2. 外部表

Hive 中的外部表和表很类似，但是其数据不是放在 hive.metastore.warehouse.dir 配置的目录中，而是放在建立表时指定的目录。创建外部表可以在删除该外部表时，不删除该外部表所指向的数据，而只删除外部表对应的元数据；但是如果要删除表，该表对应的所有数据包括元数据都会被删除。

3. 分区

在 Hive 中，表的每一个分区对应表下的相应目录，所有分区的数据都存储在对应的目录中。比如，针对下面的建表语句：

create table employees (id int, name string, salary double)
partitioned by (dept string);
在 HDFS 中，其数据的目录如下：

```
/user/hive/warehouse/employees
/dept=hr/
/dept=support/
/dept=engineering/
/dept=training/
```

即在进行数据存储时，指定的分区列的每一个值都会新建一个目录。

4. 桶

对指定的列计算其哈希值，根据哈希值切分数据，目的是并行，每一个桶对应一个文件(注意和分区的区别)。例如，将 employees 表的 id 列分散至 8 个桶中，那么首先会对每个桶进行编号，从 0～7，然后对 id 列的值计算哈希值，再把计算的哈希值使用求余运算得到 0～7 的某个数字，把该数据放入数字对应的桶中。

2.　Shark

通过 SQL 语句，Hive 能够实现结构化数据的查询分析计算。

在 Hadoop 平台上，Hive 能够将 SQL 语句转化为 MapReduce 程序去运行，很自然地会联想到，在 Spark 生态系统能不能也有这样一个产品，将 SQL 语句转化为 Spark 程序去执行呢？为了满足这一需求，Spark 生态圈几乎不加修改地引进了 Hive，因而形成了一个 Spark 生态产品——Shark。

Shark 能够将 SQL 语句转化为 Spark 程序去执行，Hive 和 Shark 都是在大数据环境下实现用 SQL 语句去查询底层海量数据的功能(见图 2-6)。

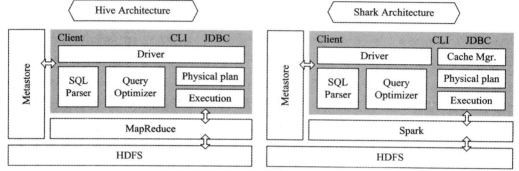

图 2-6 Hive 和 Shark 对比示意图

在性能方面，Shark 与 Hive 相比提升了不少。从性能结果来看，Shark 有了 10~100 倍的提高，这是它的优点(见图 2-7)。

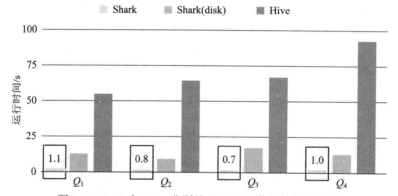

图 2-7 Shark 与 Hive 分别处理 1.7 TB 数据的性能对比

但是由于完全照搬了 Hive，所以导致 Shark 的设计有以下两个严重缺陷(见图 2-8):

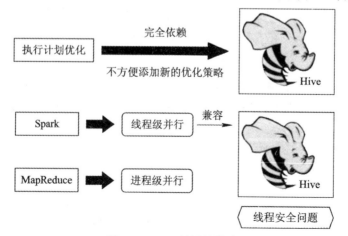

图 2-8 Shark 的设计缺陷

(1) 执行计划优化完全依赖 Hive，不方便添加新的优化策略。

(2) MapReduce 是进程级的并行，而 Spark 不是进程级的而是线程级的并行。所以 Spark 为了兼容 Hive，存在线程安全的问题。

这些问题给 Shark 的优化和维护带来了大量麻烦。2014 年 6 月 1 日，Shark 项目停止开发，并从此开始开发全新的 Spark SQL 数据的查询框架。

因此，可以说 Shark 是 Spark SQL 的前身。Spark SQL 从底层完全进行了重新设计，作为 Spark 生态的一员继续发展，它不再受限于 Hive，只是兼容 Hive。

Spark SQL 在 Hive 兼容层面仅依赖 HiveQL 解析模块和 Hive 元数据模块，其他模块全部是自己重新开发，即从 SQL 语句转换成抽象语法树开始，剩下的转换如逻辑查询计划、物理查询计划等等，这些工作全部重新开发并由一个叫 catalyst 的优化框架来负责(见图 2-9)。

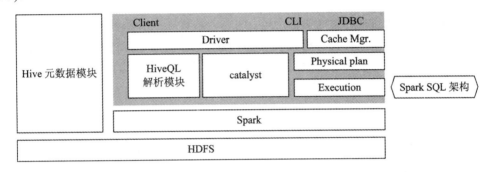

图 2-9　Spark SQL 架构示意图

Spark SQL 增加了 DataFrame(即带有 Schema 信息的 RDD)，使用户可以在 Spark SQL 中执行 SQL 语句。数据既可以来自 RDD，也可以是 Hive、HDFS、Cassandra 等外部数据源，还可以是 JSON 格式的数据(见图 2-10)。目前，Spark SQL 支持三种语言，分别是 Scala、Java 和 Python，同时也支持 SQL-92 规范。

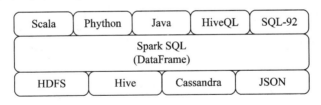

图 2-10　Spark SQL 支持的数据格式和编程语言

在 Spark 生态系统中，为什么要专门设计一个叫 Spark SQL 的组件呢？原因如下：

(1) 关系数据库已经很流行，很多单位都在用关系型数据库来存储数据，但仅仅只有关系型数据源是不够的，往往还需要各种不同的数据源来完成非常复杂的分析。

(2) 关系数据库在大数据时代已经不能满足要求。关系型数据库只能做一些 SQL 分析、汇总、查询，无法进行比较高级的分析，比如机器学习和图像处理。

(3) 用户需要从不同数据源执行各种操作，包括结构化和非结构化数据。因此需要有一种产品能够兼容结构化、半结构化、非结构化等不同的数据源，并能够将这些数据结合起来。

(4) 用户需要执行高级分析，比如机器学习和图像处理。在实际大数据应用中，经常需要融合关系查询和复杂分析算法(比如机器学习或图像处理)，却缺少这样的系统。

(5) 正是看到这个市场空白，Spark 团队推出了 Spark SQL。一方面能够集成各种不同的数据源进行各种关系操作，另一方面将传统关系数据库的结构化数据管理能力和机器学习算法的数据处理能力结合起来。

2.2　DataFrame 概述

1.　DataFrame 简介

1) DataFrame 的概念

DataFrame 是一种分布式数据集合，其中的每一条数据都由多个字段组成。Spark 中的 DataFrame 与关系数据库中的表以及 R 和 Python 中的 DataFrame 类似，它们都包含了数据以及元数据信息。但是，Spark 在使用 DataFrame 对数据集进行操作时会进行一系列的优化，因此查询性能较好。

DataFrame 可以从很多数据源(如结构化数据文件、Hive 表、关系数据库、NoSQL 数据库或已有的 RDD)加载数据，DataFrame 支持的格式有 JSON、Parquet、TEXT、CSV、ORC、AVRO 等(见图 2-11)。

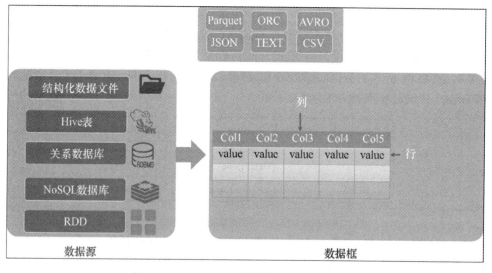

图 2-11　DataFrame 的数据源和支持的格式

2) DataFrame 的数据结构

DataFrame 是 Spark SQL 对结构化数据所做的抽象,可简单理解为 DataFrame 就是 Spark 中的数据表，DataFrame 相比 RDD 多了数据的结构信息，即 Schema 信息。DataFrame 的数据结构为：DataFrame(表)= Data(表数据)+ Schema(表结构信息)，如图 2-12 所示。其中，DataFrame 有 Name、Legs、Size 三个属性，第一条数据中的 Name 为 pig，第二条数据中的 Name 为 cat，第三条数据中的 Name 为 dog。

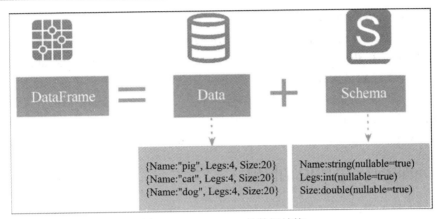

图 2-12　DataFrame 的数据结构

在 Spark 中，DataFrame 可以通过多种方式来构建。例如，通过 Spark RDD 构建 DataFrame，通过 Hive 读取数据并将它们转换为 DataFrame，通过读取 CSV、JSON、XML、Parquet 等文件并将它们转换为 DataFrame，通过读取 RDBMS 中的数据并将它们转换为 DataFrame。除此之外，还可通过 Cassandra 或 HBase 这样的列式数据库来构建 DataFrame。构建好 DataFrame 之后，便可以直接将 DataFrame 映射为表并在表上执行 SQL 语句以完成数据分析(见图 2-13)。

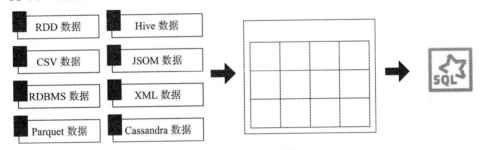

图 2-13　DataFrame 的构建

知识链接

DataFrame 的数据保存模式

DataFrame 允许使用 SaveMode 来设置数据保存模式，常用的数据保存模式有如下几种：

1. SaveMode.ErrorIfExists(default)

默认模式，当从 DataFrame 向数据源保存数据时，如果数据已经存在，就抛出异常。

2. SaveMode.Append

如果数据或表已经存在，就将 DataFrame 数据追加到已有数据的末尾。

3. SaveMode.Overwrite

如果数据或表已经存在，就使用 DataFrame 数据覆盖之前的数据。

4. SaveMode.Ignore

如果数据已经存在，就放弃保存 DataFrame 数据，作用与 SQL 语言中的 CREATE

TABLE IF NOT EXISTS 类似。

在使用 HiveContext 时，DataFrame 支持使用 saveAsTable()方法将数据保存成持久化的表。saveAsTable() 方法与 registerTempTable() 方法的区别是：saveAsTable() 方法会将 DataFrame 中的实际数据保存下来，并且还会在 Hive Metastore 中创建游标指针。持久化的表会一直保留，即使 Spark 应用程序重启也不会丢失。只要将 Spark 应用程序连接到同一个 Metastore，就可以读取其中的数据。当读取持久化的表时，只需要将表名作为参数，调用 SQLContext.table()方法即可得到对应的 DataFrame。

2. DataFrame 与 RDD 的区别

1) 结构上的区别

在 Spark 中，RDD 表示分布式数据集，而 DataFrame 表示分布式数据框，数据集和数据框最大的差别就在于数据框中的数据是结构化的。因此，基于数据框中的数据结构，Spark 可以根据不同的数据结构对数据框上的运算自动进行不同维度的优化，避免不必要的数据读取等问题，从而提高程序的运行效率。

RDD 和 DataFrame 的数据结构对比如图 2-14 所示。假设有一个 Animal 数据集，开发人员从 RDD 的角度仅能看到每条数据，但从 DataFrame 的角度能看到每条数据的内部结构，比如 Name 字段为 string 类型，Legs 字段为 int 类型，Size 字段为 double 类型。其中，Name 字段表示动物的名称，Legs 字段表示动物有几条腿，Size 字段表示动物的体型大小。这样当 Spark 程序在 DataFrame 上对每条数据执行运算时，便可以有针对性地进行优化。例如，要读取 Legs 等于 4 的数据，Spark 在 Legs 字段上进行逻辑运算时就会使用 int 类型的函数进行运算。在 Java 中，int 型数据的存储结构和优化空间比 string 型数据更好，因此执行效率更高。

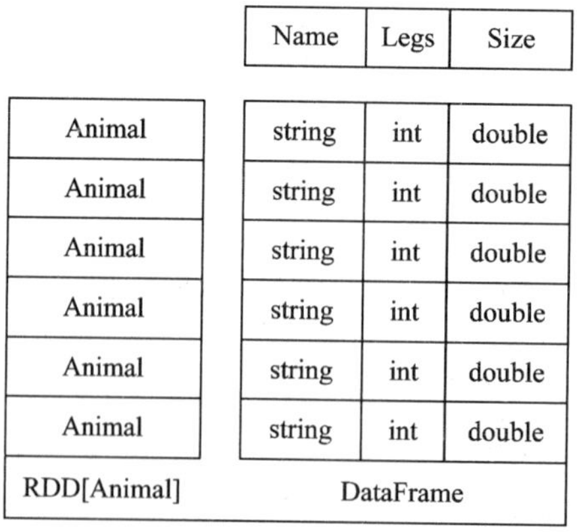

Name	Legs	Size
Animal	string	int	double
Animal	string	int	double
Animal	string	int	double
Animal	string	int	double
Animal	string	int	double
Animal	string	int	double
RDD[Animal]	DataFrame		

图 2-14　RDD 和 DataFrame 的数据结构对比

RDD 是弹性分布式数据集，它是 Spark 对数据和计算模型所做的统一抽象。也就是说，RDD 中既包含了数据，也包含了针对数据执行操作的算子。

RDD 可通过在其他 RDD 上执行算子操作转换而来，RDD 之间是相互依赖的，从而形成了 RDD 之间的"血缘关系"，这又称为 RDD 之间的 DAG。开发人员可通过一系列算子对 RDD 进行操作，比如进行转化操作(transformation)和行动操作(action)。转化操作就是从一个 RDD 产生一个新的 RDD，行动操作就是进行实际的计算。只有当执行一个行动操作时，才会执行并返回结果。以 RDD 这种数据集解释这两种操作。

(1) 转化操作(transformation)。转化操作(transformation)用于创建 RDD。在 Spark 中，RDD 只能使用 Transformation 创建，同时 Transformation 还提供了大量的操作方法，例如 map、filter、groupBy、join 等。除此之外，还可以利用转化操作生成新的 RDD，在有限的内存空间中生成尽可能多的数据对象。有一点要牢记，无论发生了多少次转化操作，在 RDD 中真正数据计算运行的操作都不可能真正运行。

(2) 行动操作(action)。行动操作(action)是数据的执行部分，通过执行 count、reduce、collect 等方法真正执行数据的计算部分。实际上，RDD 中所有的操作都是使用 Lazy 模式(一种程序优化的特殊形式)进行的。运行在编译的过程中，不会立刻得到计算的最终结果，而是记住所有的操作步骤和方法，只有显式地遇到启动命令才进行计算。

这样做的好处在于大部分优化和前期工作在转化操作中已经执行完毕，当行动操作进行工作时只需要利用全部资源完成业务的核心工作。

Spark SQL 可以使用其他 RDD 对象、Parquet 文件、JSON 文件、Hive 表以及通过 JDBC 连接到其他关系型数据库作为数据源，来生成 DataFrame 对象。它还能处理存储系统 HDFS、Hive 表、MySQL 等。

此外，DataFrame 可以使用对外内存，使内存的使用不会过载，比 RDD 有更好的执行性能。

2) 使用场景上的区别

RDD 是 Spark 的数据核心抽象，DataFrame 是 Spark 四大高级模块之一。所谓的数据抽象，就是当为了解决某一类数据分析问题时，根据问题所涉及的数据结构特点以及分析需求在逻辑上总结出的典型、普适该领域数据的一种抽象，一种泛型，一种可表示该领域待处理数据集的模型。而 RDD 是作为 Spark 平台一种基本、通用的数据抽象，它不关注元素内容及结构的特点，对结构化数据、半结构化数据、非结构化数据一视同仁，都可转化为由同一类型元素组成的 RDD。

但是作为一种通用、普适的工具，RDD 必然无法高效、便捷地处理一些专门领域具有特定结构特点的数据。因此，Spark 在推出基础、通用的 RDD 编程后，在此基础上提供四大高级模块来针对特定领域、特定处理需求以及特定结构数据，比如 Spark Streaming 负责处理流数据，进行实时计算，而 Spark SQL 负责处理结构化数据源，更倾向于大规模数据分析，而 MLlib 可用于在 Spark 上进行机器学习。

因此，若需处理的数据是上述的典型结构化数据源或通过简易处理可形成鲜明结构的数据源，且其业务需求可通过典型的 SQL 语句来实现分析逻辑，可以直接引入 Spark SQL 模块进行编程。

DataFrame 让 Spark 具备了处理大规模结构化数据的能力，不仅比原有的 RDD 转化方式更加简单易用，而且获得了更高的计算性能。作为 Spark Core 的核心组件，RDD 也是一种数据抽象。那么 RDD 和这个新的数据抽象 DataFrame 之间到底有什么区别？现举例分析如下：

【例】　RDD 是一个分布式 Java 对象集合，存储了非常多的战士对象，只能看到一个一个对象，看不到对象内部的具体结构[见图 2-15(a)]。只有获取了对象之后，才能得到其成员变量值。而 DataFrame 就不一样了，它以 RDD 为基础提供了详细的结构信息，如姓名、年龄、身高字段等[见图 2-15(b)]。

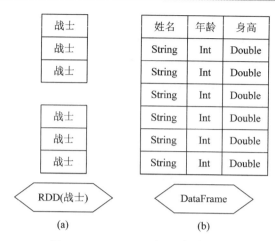

(a)   (b)

图 2-15 DataFrame 与 RDD 的区别

【例】 部队中一个班一般有 10 名战士。有一个仓库,是专门放这 10 名战士的衣帽等物品的,主要有军帽、上衣、军裤、腰带等(见图 2-16)。

图 2-16 仓库保存衣帽物品

RDD 方式之下,如何管理这些物品呢?它会把军帽、腰带、军裤等放到一个黑色袋子,上面写上战士的名字如张三,依次类推,10 名战士会用 10 个黑袋子把衣帽等物品都放到黑色袋子里面(见图 2-17)。

图 2-17 RDD 式物品存储

当需要找张三的军帽,需要推开房间,看到 10 个黑色袋子,先找到张三的袋子,然后把袋子拆开,从里面找到张三的军帽。这就是用 RDD 管理数据的方式(见图 2-18)。

图 2-18　传统 RDD 管理数据方式

　　如果是用 DataFrame 的方式来管理衣帽等物品就完全不一样了。它就相当给仓库装了很多柜子，一个柜子有三排，第一排是张三的，第二排是李四的，以此类推，每一排有若干个格子，分别放军帽、上衣、军裤、腰带(见图 2-19)。

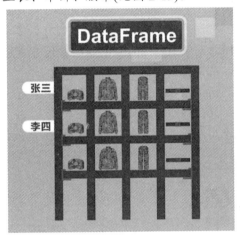

图 2-19　DataFrame 式物品存储

　　这时只要推开仓库的门，一看就知道哪个柜子的第一排是张三的衣物，哪个格子里放的是军帽，所有内部信息一目了然(见图 2-20)。

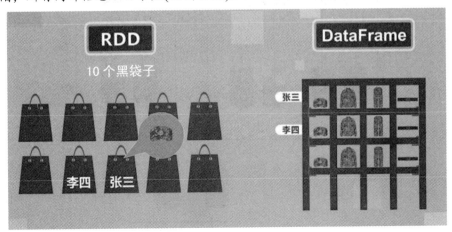

图 2-20　DataFrame 管理数据方式

用 DataFrame 方式管理数据时,数据的结构化信息全部对外呈现。用 RDD 和 DataFrame 两种方式管理数据到底有什么区别, 通过衣服帽子等物品的管理实例就能够很好地理解。

DataFrame 除了提供比 RDD 更丰富的算子操作以外,更重要的特点是利用已知的结构信息来提升执行效率、减少数据读取以及执行计划的优化,比如 filter 下推、裁剪等。正是由于 RDD 不提供详尽的结构信息, 所以 RDD 提供的 API 功能上不如 DataFrame 强大丰富且自带优化,所以又称为 Low-level API, 与之相对, DataFrame 被称为 high-level 的抽象,其提供的 API 类似于 SQL 这种特定领域的语言(DSL)来操作数据集。

2.3　DataFrame 的转换

1.　宽依赖与窄依赖

宽依赖(wide dependency, 也称 shuffle dependency)与窄依赖(narrow dependency)是 Spark 计算引擎划分 Stage 的根源所在,遇到宽依赖就划分为多个 Stage,并针对每个 Stage 提交一个 TaskSet。这两个概念对于理解 Spark 的底层原理非常重要,所以做业务时不管是使用 RDD 还是 DataFrame,都需要对其深入理解。

需要注意的是,Transformation 在生成 RDD 的时候并不是一次性生成多个,而是由上一级的 RDD 依次往下生成,我们将其称为依赖。

RDD 依赖生成的方式不尽相同,在实际工作中一般由宽依赖和窄依赖两种方式生成,两者的区别如图 2-21 所示。

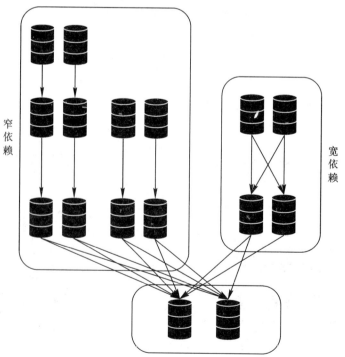

图 2-21　宽依赖和窄依赖

RDD 作为一个数据集合，可以在数据集之间逐次生成。如果每个 RDD 的子 RDD 只有一个父 RDD，而同时父 RDD 也只有一个子 RDD 时，那么这种生成关系称为窄依赖，如图 2-21 中窄依赖的矩形框里所示。如果多个 RDD 相互生成，就称为宽依赖，如图 2-21 中宽依赖的矩形框里所示。

窄依赖和宽依赖在实际应用中有着不同的作用。窄依赖便于在单一节点上按次序执行任务，使任务可控。宽依赖更多的是考虑任务的交互和容错性。宽依赖和窄依赖没有好坏之分，具体选择哪种方式需要根据具体情况处理。宽依赖往往对应着 shuffle(模拟扑克牌中的洗牌操作)操作，需要在运行过程中将同一个父 RDD 的分区传入不同的子 RDD 分区中，中间可能涉及多个节点之间的数据传输；窄依赖的每个父 RDD 的分区只会传入一个子 RDD 分区中，通常可以在一个节点内完成。

2. DataFrame 和 Dataset 以及 RDD 之间的相互转换

DataFrame 与 RDD 之间的关系可表示为：

$$DataFrame = RDD[Row] + schema$$

DataFrame 与 Dataset 之间的关系可表示为：

$$DataFrame = Dataset[Row]$$

因此，它们之间的关系是明确的，RDD、DataFrame 和 Dataset 的转换原则是：RDD 是最基础的数据类型，在向上转换时，需要添加必要的信息；DataFrame 在向上转换时，本身包含结构信息，只添加类型信息即可；DataSet 作为最上层的抽象，可以直接往下转换其他对象。注意，DataFrame、DataSet 和 RDD 之间转换需要 import spark.implicits._ 包的支持。

 【小贴士】

RDD 是一种分布式弹性数据集，将数据分布存储在不同节点的计算机内存中进行存储和处理。每次 RDD 对数据处理的最终结果都分别存放在不同的节点中。Resilient 是弹性的意思，在 Spark 中指的是数据的存储方式，即数据在节点中进行存储时候既可以使用内存也可以使用磁盘。这为使用者提供了很大的自由，提供了不同的持久化和运行方法，是一种有容错机制的特殊数据集合。

RDD 可以说是 DataFrame 的前身，DataFrame 是 RDD 的发展和拓展。RDD 中可以存储任何单机类型的数据，但是直接使用 RDD 在字段需求明显时存在算子难以复用的缺点。例如，假设 RDD 存储的数据是一个 Person 类型的数据，现在要求出所有年龄段(10 年一个年龄段)中身高与体重的最大值，使用 RDD 接口时，因为 RDD 不了解存储的数据的具体结构，需要用户自己去写一个很特殊化的聚合函数来完成这样的功能。

DataFrame 是表格或二维数组状结构，其中每一列包含对一个变量的度量，每一行包含一个案例，类似于关系型数据库中的表或者 R/Python 中的 dataframe，可以说是一个具有良好优化技术的关系表。有了 DataFrame，框架会了解 RDD 中的数据具有什么样的结构和类型，使用者可以明确自己对每一列进行什么样的操作，这样就有可能实现一个算子，用在多列上比较容易进行算子的复用。甚至，在需要同时求出每个年龄段内不同姓氏的数量时候使用 RDD 接口，在之前的函数需要很大的改动才能满足需求时使用 DataFrame 接口，这时只需要添加对这一列的处理，原来的 max/min 相关列的处理都可保持不变。

知识链接

DataFrame 与 DataSet 的区别

DataSet 是 DataFrame API 的扩展，也是 Spark 最新的数据抽象。DataFrame 是 Dataset 的特例(DataFrame=Dataset[Row])，所以可以通过 as 方法将 DataFrame 转换为 Dataset。Row 是一个类型，跟 Car、Person 这些类型一样。DataSet 是强类型的，比如可以有 Dataset[Car]、Dataset[Person]。

在结构化 API 中，DataFrame 是非类型化(untyped)的，Spark 只在运行(runtime)的时候检查数据的类型是否与指定的 schema 一致；Dataset 是类型化(typed)的，在编译(compile)的时候就检查数据类型是否符合规范。

DataFrame 和 Dataset 实质上都是一个逻辑计划，并且是懒加载的，都包含着 schema 信息，只有数据要读取的时候才会对逻辑计划进行分析和优化，并最终转化为 RDD。二者的 API 是统一的，所以都可以采用 DSL 和 SQL 方式进行开发，都可以通过 SparkSession 对象进行创建或者通过转化操作得到。

课后思考

1. 试分析 Spark SQL 与 Hive 的关系。
2. 如何进行 DataFrame schema 的设置？
3. 简述 RDD、DataFrame 和 Dataset 的转换原则。

第 3 章

Spark Streaming 流数据分析与处理

❯❯ 章 节 导 读

　　Spark Streaming 是 Spark 核心 API 的扩展，可以实现高吞吐量、具备容错机制的实时流数据的处理。Spark Streaming 支持从多种数据源获取数据，包括 Kafka、Flume、Twitter、ZeroMQ、Kinesis 以及 TCP Sockets，从数据源获取数据之后，可以使用 map、reduce、join 和 window 等高级函数进行复杂的算法处理。最后还可以将处理结果存储到文件系统、数据库和现场仪表盘。

❯❯ 学 习 目 标

- 熟悉流计算的基本理念。
- 认知流计算框架。
- 了解 Spark Streaming 的工作原理。
- 掌握 DStream 的相关操作。

❯❯ 思 政 目 标

　　培养学生充分利用信息解决生活、学习和工作中实际问题的能力，树立爱岗敬业、乐于奉献的工匠精神，具备严谨求实、勤学创新的科学态度。

3.1　流 计 算 概 述

1. 静态数据与流数据

　　目前有两种非常典型的数据，一种是静态类型的数据，另一种是动态类型的数据，即流数据。图 3-1 展示的是一个静态数据的应用场景。数据从生产系统或 OLTP 系统通过抽取、转换、加载工具，周期性地将数据加载到数据仓库中，其中包含了大量的历史数据。然后对这些大量的静态数据通过数据挖掘相关组件或者 OLAP 服务器对其进行查询分析、制作报表等操作。

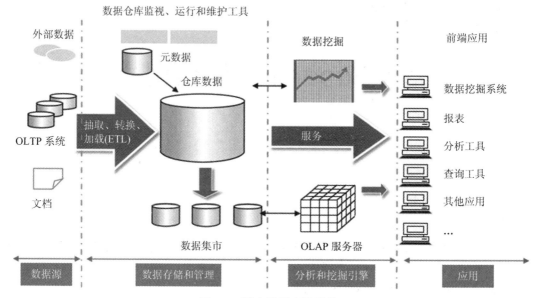

图 3-1　静态数据应用场景

流数据是数据以大量、快速、时变的形式持续不断地到达。在网络监控、Web 应用、传感器检测等领域存在大量流数据。其中，比较典型的实例是大气 PM2.5 的检测，通过检测仪可以对空气 PM2.5 的浓度进行实时跟踪(见图 3-2)。

图 3-2　PM2.5 检测

此外，还有军事领域的战场态势感知，通过人员和车辆上配备的北斗或 GPS 定位设备，能够对战场态势进行实时的感知和分析(见图 3-3)。

图 3-3　战场态势感知

由于存在静态数据和流数据两种数据，也相应地有两种数据处理模式，一种是批量计算，另一种是实时计算(见图 3-4)。

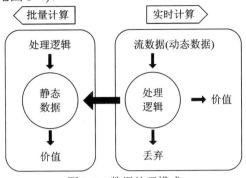

图 3-4　数据处理模式

批量计算处理时间充裕，允许耗费一段较长的时间(几个小时甚至几天)，再将结果返回给用户。

流数据不适合批量计算，因为其一般不适合用关系模型建模，且相应时限要求比较高。流数据需要实时计算，响应时间在秒级甚至毫秒级。流计算依靠实时获取来自不同数据源的海量数据，经过实时处理分析，获得有价值的信息。

2.　流计算的基本理念

流计算秉承一个基本理念，即数据的价值会随着时间的流逝而降低。如果数据过了时间点，其价值可能降为零，就没有任何意义了(见图 3-5)。

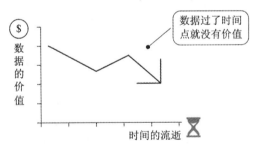

图 3-5　流计算基本理念示意图

例如，在现代信息化战场上，通过各种定位设备、多种侦察手段能够源源不断地获取敌我双方的位置、状态等信息。这些定位和情报数据会被实时发送到后台进行大数据的实时处理分析，及时判断我方位置部署、敌人的意图及威胁程度等，为指挥机构制订作战计划提供重要的决策依据。

在这种场景之下，通常需要对战场感知数据进行实时分析。如果针对当前时刻的战场感知数据分析时效性差，哪怕是过了 1 分钟之后得到分析结果，对指挥作战而言都可能会带来巨大的损失。

3.　流计算框架

为了及时处理数据，就需要一个低延迟、可扩展、高可靠的处理引擎，即流计算框架。

低延迟是指能够保持较低的延迟，到达秒级甚至毫秒级的响应。

可扩展是指能够支持大数据基本架构，能够平缓扩展。换言之，数据的规模可能会动态地发生变化，有时会突然出现一个业务高峰，超过了当时的系统数据处理能力，这时系统能够通过调用更多的机器加入集群，立刻提升系统的响应速度和处理能力，这就是可扩展的含义。

高可靠是指能够可靠地处理流数据。不论数据出现何种情况(如数据顺序颠倒)都能够正确地处理数据并给出可靠的结果。

传统的数据处理流程如图 3-6 所示。首先将数据采集过来，然后将大量历史数据保存在关系数据库中，当用户需要决策分析时，利用数据挖掘相关组件对这些大量历史数据进行计算分析。

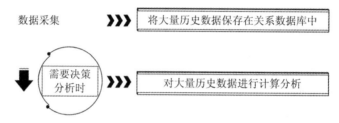

图 3-6　传统数据处理流程

传统的数据处理流程中存在两个隐含的前提(见图 3-7)：一是存储的数据是旧的，是过去的历史数据，查询的结果不能反映现在的情况；二是需要由用户主动发起查询来获取结果，需要分析时就主动提出查询请求得到结果。

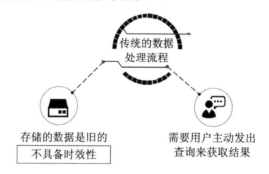

图 3-7　传统数据处理的前提

流计算处理流程包括数据实时采集、实时计算和实时查询服务三个步骤。每个环节都体现"实时"两个字(见图 3-8)。

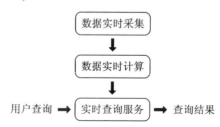

图 3-8　流计算处理流程

流数据处理系统与传统数据处理系统的差异可参考表 3-1。

表 3-1　流数据处理系统与传统数据处理系统的区别

区　　别	流数据处理系统	传统数据处理系统
数据	实时的数据	预先存好的静态数据
结果	实时结果	过去某一时刻的结果
用户得到结果的方式	主动将实时结果推送给用户	用户主动发出查询

　　流数据处理系统处理的是实时数据，而传统数据处理系统处理的是静态数据；流数据处理系统获取的是实时结果，传统数据处理系统获取的是过去某一时刻的结果；流数据处理系统会不断地主动将实时结果推送给用户，而传统数据处理系统下需要用户主动发起查询才能够获得结果。

知识链接

Spark Streaming 的数据源

　　Spark Streaming 提供了两种数据源：基本数据源和高级数据源(见图 3-9)。

　　(1) 基本数据源：Streaming Context API 原生支持的数据源，如 Socket 连接、HDFS 文件流、简单文件流等。

　　(2) 高级数据源：如 Flume、Kafka、Kinesis 等数据源，可通过扩展实现其他依赖。

　　我们可通过定义多个接收器在应用程序中并行地接收多个数据流，这些接收器将同时接收来自多个数据源的数据。需要注意的是，分配给 Spark Streaming 应用的核心数量必须大于接收器的数量，因为系统在接收数据的同时，还需要有足够的线程资源来处理数据。

图 3-9　Spark Streaming 的数据源

常用的基本数据源有如下几种：

　　(1) Socket 连接：Spark 能通过启动一个常驻内存的线程来实时监听 Socket 连接上数据的变化。具体应用时，可通过如下方法创建 DStream：

```
StreamingContext.socketTextStream("ip"，port);
```

　　(2) HDFS 文件流：可从与 HDFS API 兼容的任何文件系统(HDFS、Amazon S3、NFS)中读取数据。具体应用时，可通过如下方法创建 DStream：

```
StreamingContext.fileStream [KeyClass，Value-Class，InputFormatClass]
```

　　(3) 简单文件流：可从简单的文件目录中读取数据。具体应用时，可通过如下方法创建 DStream：

```
StreamingContext.textFileStream(dataDirecto-ry);
```

常用的高级数据源有如下几种：

(1) Flume：利用 Flume Spark Streaming 从 Flume 中获取数据。

(2) Kafka：利用 Kafka Spark Streaming 从 Kafka 中获取数据。

(3) Kinesis：利用 Kinesis Spark Streaming 从 Kinesis 中获取数据。

3.2 Spark Streaming

Spark Streaming 是基于 Spark API 的流式计算扩展，它实现了高吞吐量且高容错的流式计算引擎。

1. 工作原理

Spark Streaming 基本的数据输入/输出示意图如图 3-10 所示。基本输入源(HDFS、TCP Sockets、Akka Actors 等)和高级输入源(Kafka、Flume、ZeroMQ、Kinesis、Twitter 等)均可直接对 Spark Streaming 进行输入，经过处理的数据可以存储在文件系统(如 HDFS)、数据库(如 HBase)、其他输出(如 Dashboards)等。

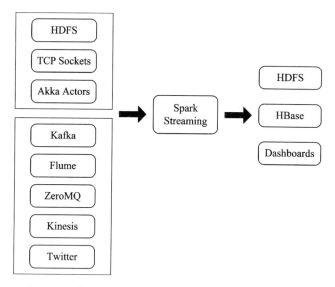

图 3-10 基于 Spark Streaming 的数据输入/输出示意图

Spark Streaming 的工作原理如图 3-11 所示，该图显示了整个 Spark Streaming 的数据处理流程，在接收到实时输入数据流(live input data streams)后，将数据划分成批次(divides the data into batches)，然后传给 Spark Engine 处理，按批次生成最后的结果流(generate the final stream of results in batches)。

图 3-11 Spark Streaming 的工作原理

　　Spark Streaming 是将流式计算分解成一系列短小的批处理作业。这里的批处理引擎是 Spark Core，也就是把 Spark Streaming 的输入数据按照批次大小(batch size)(如 1 s)分成一段一段的数据(Discretized Stream)，每一段数据都转换成 Spark 中的 RDD，然后将 Spark Streaming 中对 DStream 的 Transformation 操作变为针对 Spark 中对 RDD 的 Transformation 操作，将 RDD 经过操作变成中间结果保存在内存中。整个流式计算根据业务的需求可以对中间的结果进行叠加或者存储到外部设备。

　　对于流式计算来说，容错性至关重要。Spark 中每一个 RDD 都是一个不可变的分布式可重算的数据集，它记录着确定性的操作继承关系(lineage)，所以只要输入数据是可容错的，那么任意一个 RDD 的分区(partition)出错或不可用，都可以利用原始输入数据通过转换操作而重新算出。

　　对于 Spark Streaming 来说，其 RDD 的继承关系如图 3-12 所示，图中的每一个椭圆形表示一个 RDD，椭圆形中的每个圆形代表一个 RDD 中的一个 partition，每一列的多个 RDD 表示一个 DStream(图中有三个 DStream)，而每一行最后一个 RDD 则表示每一个批次大小所产生的中间结果 RDD。每一个 RDD 都是通过 lineage 相连接的，由于 Spark Streaming 输入数据可以来自磁盘，如 HDFS(多份拷贝)或来自网络的数据流(Spark Streaming 会将网络输入数据的每一个数据流拷贝两份到其他的机器)都能保证容错性，所以 RDD 中任意的 partition 出错，都可以并行地在其他机器上将缺失的 partition 计算出来。这个容错恢复方式比连续计算模型(如 Storm)的效率更高。

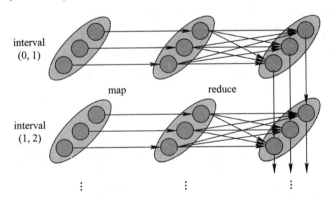

图 3-12　Spark Streaming 中 RDD 的继承关系图

　　Spark Streaming 将流式计算分解成多个 Spark Job，对每一段数据的处理都会经过 Spark DAG 分解以及 Spark 的任务集的调度过程。对于目前版本的 Spark Streaming 而言，其最小的批次大小的选取时间为 0.5～2 s(Storm 目前最小的延迟是 100 ms 左右)，所以 Spark Streaming 能够满足除对实时性要求非常高(如高频实时交易)之外的所有流式准实时计算场景。

　　Spark 目前在 EC2 上已能够线性扩展到 100 个节点(每个节点 4Core)，可以以数秒的延迟处理 6 GB/s 的数据量(60 M records/s)，其吞吐量也比流行的 Storm 高 2～5 倍，Berkeley 利用 Word Count 和 Grep 两个用例做测试，在 Grep 的测试中，Spark Streaming 中的每个节点的吞吐量是 670 K records/s，而 Storm 是 115 K records/s(见图 3-13)。

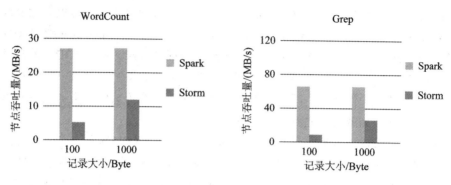

图 3-13　Spark Streaming 与 Storm 吞吐量比较图

2. 数据抽象 DStream

1) 认知数据抽象

在做任何相关计算时，都会有个基本的数据抽象(见图 3-14)。在 Spark Core 编程时，它的数据抽象是 RDD；在 Spark SQL 编程时，它的数据抽象是 DataFrame；而 Spark Streaming 的数据抽象是 DStream(Discretized Stream)，即离散化数据流。

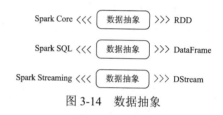

图 3-14　数据抽象

在内部实现上，Spark Streaming 的输入数据是按照时间周期切成多个分段，每一段构成一个 RDD。一个输入数据流，第一段切出来的是 RDD@time1，下一秒又切一段得到 RDD@time2，以此类推(见图 3-15)。这一系列的 RDD 就构成了 DStream，所以本质上 DStream 就是 RDD 的集合，每次针对一个 DStream 的操作最终都会转化成针对它里面的每一个 RDD 的操作。

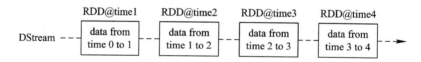

图 3-15　DStream 中在时间轴下生成离散的 RDD 序列

对第一个 RDD 进行 flatMap 操作就得到 words from time 0 to 1，叫作 RDD@result 1(见图 3-16)。同理对第二个、第三个、第四个 RDD 片段操作都是类似的。所以从编程角度来看，这里虽然叫 DStream，但其所做的操作就是针对 RDD 的。

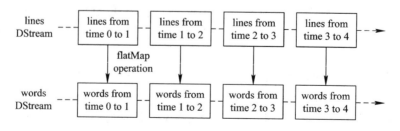

图 3-16　通过 RDD 的 transformation 生成新的 DStream

知 识 链 接

Input DStream

每个 Input DStream(文件流除外)都会对应一个单一的接收器对象，该接收器对象从数据源接收数据并且存入 Spark 的内存中进行处理。每个 Input DStream 都接收一个单一数据流。值得注意的是，在 Spark Streaming 应用程序中，可以创建多个 Input DStream 并行接收多个数据流。

每个接收器是一个长期运行在 Worker 或者 Executor 上的任务，因此它将占用分配给 Spark Streaming 应用程序的一个核(core)。非常重要的一点是，为了保证一个或者多个接收器能够接收数据，需要分配给 Spark Streaming 应用程序足够多的核数。

2) DStream 操作

DStream 操作可以分为普通转换操作、窗口转换操作和输出操作 3 种。

(1) 普通转换操作。普通转换操作如下：

map(func)：DStream 的每个元素都能通过 func()函数计算并返回一个新的 DStream。

flatMap(func)：通过 func()函数从输入的每个元素中映射出零个或多个输出元素。

filter(func)：从原来的 DStream 中过滤出 func()函数返回仅为 true 的那些元素。

repartition(numPartitions)：设置 DStream 的分区大小。

union(otherStream)：将两个 DStream 合并。

count()：对 DStream 中元素的数量进行统计。

reduce(func)：使用 func()函数对 DStream 中的元素进行聚合。

countByValue()：对 RDD 内元素的 Value 进行统计。

reduceByKey(func, [numTasks])：对 DStream 内元素的 Key 进行聚合。

join(otherStream, [numTasks])：当调用的两个 DStream 分别含有<Key，Value1>和<Key，Value2>键值对时，返回一个新的含有<Key，<Value1，Value2>>键值对的 DStream。

cogroup(otherStream, [numTasks])：当调用的两个 DStream 分别含有<Key，Value1>和<Key， Value2>键值对时，返回一个新的(Key，Seq[Value1]，Seq[Value2])类型的 DStream。

(2) 窗口转换操作。为了理解 DStream 窗口转换操作，首先需要理解批处理间隔、窗口间隔、滑动间隔等基础概念。

① 批处理间隔：虽然 Spark Streaming 中的数据是实时获取的，但数据是按照微批来处理的。Spark Streaming 在内部设置了批处理间隔(batch duration)，Spark 会定时将批处理间隔内接收到的数据收集起来，组成新的微批数据并提交给 Spark 处理引擎。

② 窗口间隔：窗口的持续时间，只有当窗口间隔满足条件时才会触发窗口转换操作。

③ 滑动间隔：表示经过多长时间窗口就滑动一次，从而形成新的窗口。这里必须注意的是，滑动间隔和窗口间隔的大小需要设置为批处理间隔的整数倍。

在图 3-17 中，批处理间隔是 1 个时间单位，窗口间隔是 3 个时间单位，滑动间隔是 2 个时间单位。只有当窗口间隔满足条件时，DStream 才会触发窗口操作并进行数据处理。也就是说，DStream 会每隔 1 个时间单位收集一次数据并形成微批数据；然后每隔 3 个时间单位触发一次窗口操作，从而创建新的窗口并处理窗口中的数据；每次微批数据处理完之后，就向前滑动 2 个时间单位。因此，"窗口-time3"触发窗口操作时包含 time1、time2、time3 这 3 个时间单位的数据。再次经过滑动间隔后，换言之，再次经过两个时间单位后，就会在 time5 处触发下一次窗口操作，这时"窗口-time5"触发窗口操作时包含 time3、time4、time5 这 3 个时间单位的数据，以此类推。同时，由于窗口间隔是 3 个时间单位，而滑动间隔是 2 个时间单位，因此每次处理数据时，都有 1 个时间单位的重复数据需要处理。

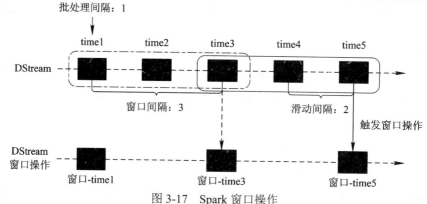

图 3-17　Spark 窗口操作

(3) 输出操作。将 DStream 的数据输出到外部系统，如数据库或者文件系统。实际上，输出操作作用于 DStream 后，外部系统才能使用这些数据，触发所有的 DStream 变换实际执行，这一点与 RDD 的执行类似。

为了方便开发和调试，可以在 Driver 上打印 DStream 中的数据，通过简单调用 print() 方法就能打印每一批 DStream 中的前 10 个元素。

接下来介绍如何将结果 wordCounts 存储到不同外部系统中。

① 使用 saveAsObjectFiles(prefix，[suffix])，将 DStream 中的内容保存为文本文件。如果使用 saveAsHadoopFiles，则保存到 HDFS 上示例代码如下：

```
wordCounts.saveAsTextFiles("file：///words/TextFiles")
```

② 使用 foreachRDD(func)，对 DStream 中的每个 RDD 执行 func 函数，并将结果保存到外部系统，如保存 RDD 到文件中或写入数据库，示例代码如下：

```
wordCounts.foreachRDD(rdd =>
    rdd.foreach(println)
    // TODO store data to hbase
)
```

【小贴士】

DStream 的 foreachRDD 是一个功能非常强大的原语，用于将数据发送到外部系统。为了避免使用错误，对其使用方法总结如下：

(1) 在 Worker 上创建连接对象，避免在 Driver 上创建连接对象而产生跨机器转换。

(2) 使用 foreachPartition 创建一个单独的连接对象，并使用该连接发送在 RDD 分区的所有记录，避免为每一条记录创建一个连接对象，引起不必要的开销。

(3) 采取能够保持连接对象的静态池,比起能够作为多批次 RDD 推送到外部系统进行重用,能进一步降低开销,示例代码如下:

```
dstream.foreachRDD(rdd => {
    rdd.foreachPartition(partitionOfRecords => {
        // ConnectionPool 是静态的且延迟初始化的一个连接池
        val connection = ConnectionPool.getConnection()
        partitionOfRecords.foreach(record => connection.send(record))
        // 将连接还给连接池
        ConnectionPool.returnConnection(connection)
    })
})
```

需要注意的是,在池中的连接应该至少满足两个特性:按需延迟创建(be lazily created on demand)和超时自动释放(一段时间不使用)(timed out if not used for a while),从而实现高效地将数据发送到外部系统。

3) DStream 数据持久化

DStream 和 RDD 一样,也可以通过调用 persist()将数据流缓存在内存中,这样在有迭代任务时,就可以直接使用上一个任务缓存好的数据,进而提高任务的执行效率。DStream 默认采用序列化的方式(也就是 MEMORY_ONLY_SER 方式)将数据持久化到内存中。

对于 DStream 上的窗口操作(如 reduceByWindow 和 reduceByKeyAndWindow 操作)和状态操作(如 updateStateBykey 操作),Spark 默认会将它们持久化到内存中。

对于外部数据源(如 Kafka、Flume、Socket 连接等),Spark 默认使用的持久化策略是将数据副本保存在其他两台机器上。

对于窗口操作和涉及状态的操作,必须为 Spark 应用设置检查点。可通过 StreamingContext 设置检查点目录,并通过 DStream 设置检查点的间隔时间,间隔时间必须是滑动时间的倍数。

4) 检查点

一个 Streaming 应用程序要求 7 天 24 小时不间断运行,因此必须适应各种导致应用程序失败的场景。Spark Streaming 的检查点具有容错机制,具有足够的信息支持故障恢复。Spark Streaming 支持两种数据类型的检查点:元数据检查点和数据检查点。

(1) 元数据检查点:在类似 HDFS 的容错存储上保存 Spark Streaming 计算信息。这种检查点用来恢复运行 Spark Streaming 应用程序失败的 Driver 进程。

(2) 数据检查点:在进行跨越多个批次合并数据的有状态操作时尤其重要。在这种转换操作情况下,依赖前一批次的 RDD 生成新的 RDD,随着时间不断增加,RDD 依赖链的长度也在增加,为了避免这种无限增加恢复时间的情况,通过周期检查将转换 RDD 的中间状态进行可靠存储,借以切断无限增加的依赖链。使用有状态的转换操作,如果 updateStateByKey 或者 reduceByKeyAndWindow 在应用程序中使用,那么需要提供检查点路径,对 RDD 进行周期性检查。

元数据检查点主要用来恢复失败的 Driver 进程,而数据检查点主要用来恢复有状态的转换操作。无论是 Driver 失败还是 Worker 失败，这种检查点机制都能快速恢复。许多 Spark Streaming 都是使用检查点方式。但是简单的 Spark Streaming 应用程序，不包含状态转换操作就不能运行检查点；从 Driver 程序故障中恢复可能会造成一些收到但没有处理的数据丢失。

为了让一个 Spark Streaming 程序能够被恢复，需要启用检查点，必须设置一个容错的、可靠的文件系统(如 HDFS、S3)路径保存检查点信息，同时设置时间间隔，示例代码如下：

```
streamingContext.checkpoint(checkpointDirectory)
dstream.checkpoint(checkpointInterval)              // 设置检查点间隔

// 当程序第一次启动时，创建一个新的 StreamingContext，接着创建所有的数据流，然后再调
// 用 start()方法。
// 定义一个创建并设置 StreamingContext 的函数
def functionToCreateContext(): StreamingContext = {
    val ssc = new StreamingContext(…)             // 创建 StreamingContext 实例
    val lines = ssc.socketTextStream(…)           // 创建 DStream
    …
    ssc.checkpoint(checkpointDirectory)           // 设置检查点目录
    ssc
}
// 从检查点数据重建或者新建一个 StreamingContext
val context = StreamingContext.getOrCreate(checkpointDirectory,   functionToCreate-Context )
// 在 context 需要做额外的设置完成，不考虑是否被启动或重新启动
context. …
// 启动 context
context.start()
context.awaitTermination()
```

通过使用 getOrCreate 创建 StreamingContext。

当程序因为异常重启时，如果检查点路径存在，则 context 将从检查点数据中重建。如果检查点目录不存在(首次运行)，将会调用 functionToCreateContext 函数新建 context，并设置 DStream。

但是，Spark Streaming 需要保存中间数据到容错存储系统，这个策略会引入存储开销，进而可能会导致相应的批处理时间变长，因此，检查点的时间间隔需要精心设置。采取小批次时，每批次检查点可以显著减少操作的吞吐量；相反，检查点太少可能会导致每批次任务大小的增加。对于 RDD 检查点的有状态转换操作，其检查点间隔默认设置为 DStream 的滑动间隔的倍数，至少为 10 s。通常，一个检查点时间间隔设置成 DStream 的滑动间隔的 5～10 倍。

故障恢复可以使用 Spark 的 Standalone 模式自动完成，该模式允许任何 Spark 应用程序的 Driver 在集群内启动，并在失败时重启。而对于 YARN 或 Mesos 这样的部署环境，则必须通过其他的机制重启 Driver。

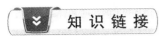

DStream 和 RDD 的关系

DStream 表示连续的数据流。在 Spark 内部，DStream 由一系列前后依赖的 RDD 组成（见图 3-18）。针对 DStream 的任何操作最终都会转换为 RDD 操作。这些底层的 RDD 转换是由 Spark 计算引擎完成的。

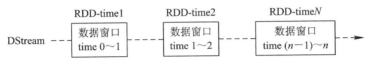

图 3-18　DStream 组成

DStream 操作隐藏了大部分细节，并为开发人员提供了更高级别的 API 以便调用。DStream 既可从外部数据流接入生成，也可由其他 DStream 转换而来。

3. 性能调优

想要让 Spark Streaming 应用程序在集群中获得最佳性能实践，需要对一些参数进行调优。重点需要考虑以下两件事情：

(1) 有效使用集群资源，减少每批次数据的处理时间。

(2) 设置合理的窗口大小，使数据尽快得到处理(即数据处理和数据接收节奏一致)。

通常可以从优化运行时间、设置合适的批次大小和优化内存使用等三个方面进行优化设置。

1) 优化运行时间

优化运行时间可以降低每个批次数据的处理时间，主要包括提升数据接收的并行度、提升数据处理的并行度、提升数据序列化效率和减少任务启动开销，以减少序列化和反序列化负担，优化内存使用，减少任务提交和分发开销。

(1) 提升数据接收的并行度。通过网络接收数据(如 Kafka、Flume、Socket 等)需要将数据反序列化并存储在 Spark 上，如果数据接收成为系统中的瓶颈，则需要并行接收数据。提升数据接收的并行度主要通过提升 Receiver 的并发度和调整 Receiver 的 RDD 数据分区间隔。

① 提升 Receiver 的并发度：在 Worker 节点上对每个输入 DStream 创建一个 Receiver 并运行，以接收一个数据流。通过创建多个输入 DStream 并配置从数据源接收不同分区的数据流，从而实现接收多数据流。例如，一个单 Kafka 输入 DStream 接收两个主题的数据，可以分成两个 Kafka 的输入流，每个仅接收一个主题。输入 DStream 运行在两个 Worker 节点的接收器上，能够并行接收并行数据，提高整体的吞吐量。

多 DStream 可以通过联合在一起从而创建一个 DStream，这样一些应用于一个输入 DStream 的转换操作便可以用在联合后的 DStream 上。

② 调整 Receiver 的 RDD 数据分区间隔：通过修改 spark.streaming.blockInterval 这个 property 的参数调整 Receiver 的块间隔(blocking interval)。大多数的 Receiver 接收到的数据要合并成大的数据块，然后存储在 Spark 的内存中。

每批次的数量决定任务的数量，这些任务用来处理那些接收到的数据，即进行"类Map"的转换。每个 Receiver 每批次的任务数目大约为 batch interval/block interval。例如，200 ms 的 block interval 将会在每 2 s 的批次创建 10 个任务。

任务数量太少会导致有的核闲置，未用来处理数据，造成效率低下。针对一个给定批次间隔的情况，若要提升任务数，则需要降低 block interval。推荐的 block interval 最小值是 50 ms，实际使用中如果以最小值进行任务加载，则开销会存在问题。

(2) 提升数据处理的并行度。如果在任务执行阶段使用并行任务的数目不够高，则会造成集群资源利用低下。例如，分布式 Reduce 操作，如 reduceByKey 和 reduceByKeyAndWindow，并行任务的默认数量由 spark.default.parallelism 的配置属性决定。

确保均衡地使用整个集群的资源，而不是把任务集中在几个特定的节点上。对于包含Shuffle 的操作，可以增加其并行度以确保更为充分地使用集群资源。

(3) 数据序列化。数据序列化的开销会很大，特别是要实现亚秒级批次大小。数据序列化主要包括两个方面：

① RDD 数据序列化：默认情况下 RDD 被保存为序列化字节数组来减少垃圾回收(Garbage Collection，GC)停顿。

② 输入数据序列化：将获取的外部数据插入 Spark，接收到的数据为字节型，需要反序列化为 Spark 的序列化格式。因此，输入数据的反序列化开销可能会成为瓶颈。

Spark Streaming 默认将接收到的数据序列化存储，以减少内存的使用。序列化和反序列化需要更多的 CPU 时间，更加高效的序列化方式(Kryo)和自定义的序列化接口可以更高效地使用 CPU。

(4) 减少任务启动开销。通常情况下 Akka 框架能够高效地确保任务及时分发，但当 batch 间隔非常小(如 500 ms)时，提交和分发任务的延迟就变得不可接受。任务启动开销进行的任务太多也不好，比如每秒 50 个，发送任务的负载就会变得很重，很难实现亚秒级的时延。可以通过以下两种方式减少任务开销：

① 任务序列化：使用 Kryo 序列化，序列化的任务可以减少任务的大小，因此减少了发送到节点的时间。

② 执行模式：在 standalone 模式或粗粒度 Mesos 的模式下运行 Spark，相比细粒度模式有着更低的延迟。

2) 设置合适的批次大小

在设置合适的批次大小之前，先熟悉以下几个关键词：

(1) 批次处理时间(batch processing time)：每批次数据的处理时间。

(2) 批次间隔时间(batch interval)：两个批次处理的间隔时间。

(3) 数据速率(data rate)：数据在集群上的处理速率。

为了确保 Spark Streaming 应用程序能够在集群中稳定地运行，系统应该尽可能快地处理接收到的数据。换句话说，处理数据的速度要跟上数据流入的速度，或者至少应该一样快。处理数据的速度对应批次处理时间，而批次间隔时间设置数据流入的速度，批次处理时间应该小于批次间隔时间。

根据 Spark Streaming 流计算的性质，批次间隔时间可以用一组固定的集群资源对应用程序持续影响。批次间隔时间设置要充分考虑到预期的数据速率是否稳定。

如何设置合理的批次大小呢？

首先设置批次大小为 5～10 s 和一个很低的数据输入速度。确定系统能跟上数据输入速度时，可以根据经验调整批次大小，通过查看日志获知总延迟(total delay)为多长时间。

如果延迟时间(delay)小于批处理时间(batch)，那么系统是稳定的；如果延迟时间一直增加，则说明系统的处理速度跟不上数据的输入速度。

3) 优化内存使用

针对 Spark 应用程序内存使用和 GC 行为，本部分侧重讲解如何在自定义 Spark Streaming 设置相关参数，以优化内存使用。

(1) 合理设置 DStream 存储级别。与 RDD 不同，RDD 默认持久化级别是 MEMORY_ONLY，而 DStream 默认持久化级别是 MEMORY_ONLY_SER，尽管保持数据序列化会带来更高的序列化、反序列化开销，但大大减少了 GC 出现停顿的情况。

(2) 及时清理持久化的 RDD。Streaming 会将接收到的数据全部存储于可用的内存区域中，因此对于已经完成处理的数据应及时清理，以确保 Spark Streaming 有足够的内存。默认情况下，所有 Spark Streaming 生成的持久化 RDD 的清理会使用内置的内存清理策略 LRU(Least Recently Used)；通过设置 spark.cleaner.ttl 的值，Spark Streaming 就能自动地定期清除旧的内容。也可以通过设置 spark.streaming.unpersist 属性启用内存清理，减少 Spark RDD 内存的使用，提升 GC 性能。

(3) 并发垃圾收集策略。GC 会影响任务的正常运行，任务执行时间的延长会引起一系列不可预料的问题。采取不同的 GC 策略可以进一步减小 GC 对任务(Job)运行的影响。例如，使用并行 mark-and-sweep GC 能减少 GC 的突然暂停的情况，另外也可以以降低系统的吞吐量为代价来获得最短 GC 停顿。

4.　容错处理

Spark Streaming 的数据转换都是基于 Spark RDD 的操作，因此，在探讨 Spark Streaming 的容错处理之前，先回顾一下 Spark RDD 的基本容错特性，主要包括以下几点：

(1) RDD 是不可变的、确定的、可以重新计算的分布式数据集，每个 RDD 在数据集中创建并记录操作的先后顺序(lineage)。

(2) 如果 RDD 任何分区的 Worker 节点出现故障丢失，那么分区可以从历史的容错数据集中使用记录的先后顺序重新计算。

(3) 如果所有的 RDD 转换操作是确定的，那么最后转换 RDD 的结果数据将保持不变。

Spark Streaming 基于容错的故障处理主要包括文件输入源、基于 Receiver 的输入源以及输出操作。

1) 文件输入源

如果全部输入数据在一个有容错的文件系统(如 HDFS 或 S3)中，显而易见，由于输入数据是以可靠的形式存储的，所有生成结果数据的中间数据都可以重新计算，所有基于容错数据生成的 RDD 也具有容错特性。

Spark Streaming 能够从任何失败中恢复并重新计算所有的数据，因此故障不会导致数据丢失。

当故障发生时,由于转换过程中的数据没有备份,只能从输入数据集中获取数据进行恢复。

2) 基于 Receiver 的输入源

使用通过网络接收数据的输入源(如 Kafka 和 Flume),为了获取相同的容错特性,接收到的输入数据会被复制到集群中节点的内存中(默认的复制因子为 2)。根据失败场景和接收器类型进行容错,主要有两种类型的接收器:

(1) 可靠的接收器(reliable receiver)。该接收器确保接收到的数据备份并获得认可。如果一个接收器失败,则数据源不会发送数据,只有当接收器重启时,数据源才重新进行数据发送,不会导致数据丢失。

(2) 不可靠的接收器(unreliable receiver)。当 Worker 节点或 Driver 节点失败时,该接收器可能会导致数据丢失。

数据是否会丢失,取决于使用什么类型的接收器。

如果一个 Worker 节点失败,使用可靠的接收器将不会产生数据丢失;反之,如果使用不可靠的接收器,接收数据没有备份,可能会产生丢失。如果 Driver 节点失败,那么除了接收数据丢失之外,所有接收和备份在内存中的历史数据将全部丢失,直接影响状态转换的结果。如果运行 Spark Streaming 应用程序的 Driver 节点失败,很明显 SparkContext 将丢失,那么全部 Executors 内存中的数据将会丢失。

为了避免丢失全部的历史数据,从 Spark 1.2 开始,接收数据进行容错存储并提前写日志(write ahead log),用来实现零数据丢失。表 3-2 列出了常见故障场景。

表 3-2 常 见 故 障

部署场景	Worker 失败	Driver 失败
没有 write ahead log Spark 1.2 or later	不可靠接收器的缓存丢失;可靠接收器和文件输入零数据丢失	不可靠接收器的缓存数据和全部接收器的历史数据丢失;文件输入零数据丢失
具有 write ahead log Spark 1.2 or later	可靠接收器和文件输入零数据丢失	可靠接收器和文件零数据丢失

3) 输出操作

由于所有数据都以 RDD 操作的血统(lineage)形式存在,任何重复计算都会得到相同的结果。这样一来,所有的 DStream 转换都确保有恰好一次的语义(semantics)。换言之,即使有一个 Worker 节点失败,最后转换 RDD 的结果数据也是不变的。也就是说,当一个 Worker 节点失败时,转换的结果数据可能不止一次写入外部存储。使用 saveAs***Files 操作可以将数据保存到 HDFS。

5. Spark Streaming 与 Storm 的关系

Spark Streaming 与现在业界流行的框架 Storm 的对比如表 3-3 所示。

表 3-3 Spark Streaming 与 Storm 对比

对 比	Spark Streaming	Storm
毫秒级响应	无法实现	可以实现
实时计算	可用于实时计算	可实时计算
容错处理	RDD 数据集更容易、更高效的容错处理	高度容错
计算方式	兼容批量和实时数据处理	实时流计算

首先，这两者都是流计算框架，但作为真正的流计算框架 Storm 能够实现毫秒级响应，而 Spark Streaming 无法实现。虽然两个框架都提供了可扩展性(scalability)和可容错性(fault-tolerance)，但它们的处理模型从根本上说是不一样的。Storm 可以实现亚秒级时延的处理，每次只能处理一条 event，而 Spark Streaming 可以在一个短暂的时间窗口里面处理多条 event。所以说 Storm 可以实现亚秒级时延的处理，而 Spark Streaming 则有一定的时延。

其次，相较于 Storm，Spark Streaming 的突出优点在于容错处理方面，因为 RDD 数据集更容易做高效的容错处理。Spark Streaming 的容错为有状态的计算提供了更好的支持。在 Storm 中，每条记录在系统的移动过程中都需要被标记跟踪，所以 Storm 只能保证每条记录最少被处理一次，但是允许从错误状态恢复时被处理多次。这就意味着可变更的状态可能会被更新两次从而导致结果不正确。另一方面，Spark Streaming 仅仅需要在批处理级别对记录进行追踪，即使是 node 节点挂掉也能保证每个批处理记录仅仅被处理一次。虽然 Storm 的 Trident library 可以保证一条记录被处理一次，但需要依赖于事务更新状态，而这个过程很慢，并且需要由用户去实现。

另外，Spark Streaming 还可以同时兼容批处理和实时处理。当需要同时分析历史数据和实时数据时，Spark Streaming 更加合适。Spark Streaming 是在 Spark 框架上运行的，这样就可以像使用其他批处理代码一样来写 Spark Streaming 程序，或者是在 Spark 中交互查询，大大减少了单独编写流批量处理程序和历史数据处理程序的工作量。

下面介绍在实际应用中是如何部署上述相关系统的。

在没有 Spark Streaming 之前，通常采用 Hadoop 加 Storm 的部署方式来满足历史数据和实时数据的计算分析(见图 3-19)。

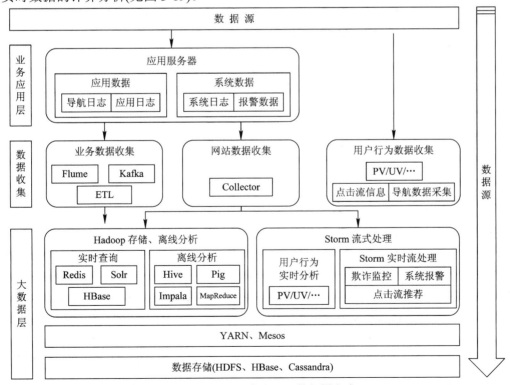

图 3-19 Hadoop 加 Storm 的部署方式

图 3-19 是数据源在业务应用层产生很多应用和系统数据，这些数据通过数据采集层的
Flume、Kafka 等工具进行数据的收集。收集过来后，借助 Hadoop 存储和离线分析，当需
要实时计算时，借助 Storm 来处理。

在 Spark Streaming 出现以后，就不需要 Hadoop 加 Storm 的架构了，只需要 Spark 加
Spark Streaming 就可以完成历史数据的批处理和流计算(见图 3-20)。

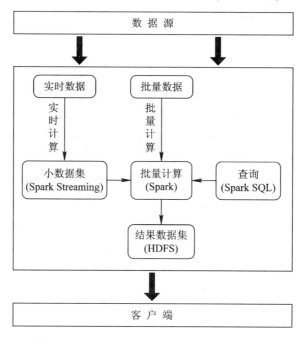

图 3-20　Spark 加 Spark Streaming 的部署方式

实时数据交给 Spark Streaming 处理，批量数据交给 Spark Core 处理。这种架构的优点
是能够实现一键式安装部署，降低集群构建和软件维护的难度，便于做成统一的硬件计算
平台池，因为这些组件都是来自 Spark 家族的产品。

3.3　Spark Structured Streaming

1.　Spark Structured Streaming 简介

Spark Structured Streaming 并不是对 Spark Streaming 的改进，而是 Spark 团队在结合了
Spark SQL 和 Spark Streaming 开发过程中的经验教训后，根据用户的反馈，重新开发出来
的全新流式引擎。Spark Structured Streaming 致力于实现"批流一体化"(为批处理和流处
理提供统一的高性能 API)的解决方案。另外，使用 Spark Structured Streaming 很容易实现
之前在 Spark Streaming 中难以实现的一些功能，比如对 Event Time 的支持、Stream 之间的
连接以及流式计算的毫秒级延迟。

类似于 Dataset/DataFrame 的 SQL 计算代替 Spark Core 的 RDD 算子计算，成为 Spark
用户编写批处理程序的首选，Spark Structured Streaming 也将替代 Spark Streaming 的

DStream，成为编写流处理程序的首选。Spark Structured Streaming 是基于 Spark SQL 引擎扩展的流处理引擎，它使得用户可以基于 SQL 像处理静态数据那样进行流式计算(见图 3-21)。Spark SQL 引擎负责不断地运行 Spark Structured Streaming，并在流数据持续到达时更新最终结果。同时，Spark Structured Streaming 能通过检查点和预写日志确保端到端的一次性容错。简而言之，Spark Structured Streaming 能提供快速、可扩展、高容错、端到端的精确一次性流处理，而不需要用户关心具体的复杂流处理是如何实现的。

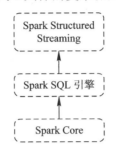

图 3-21　Spark Structured Streaming 的运行过程

默认情况下，Spark Structured Streaming 使用微批处理引擎进行数据处理，微批处理引擎会将数据流作为一系列的小批量作业进行处理，从而保证不超过 100 ms 的数据延迟和端到端的一次性容错。

2.　Spark Structured Streaming 的特点

1) 模型简洁

Spark Structured Streaming 的模型很简洁，十分易于理解。Spark Structured Streaming 会将不断流入的数据抽象为一张无界表，对应流式计算的操作也就是对这张无界表的操作。

2) 具有一致的 API

Spark Structured Streaming 的 SQL 操作和 Spark SQL 共用大部分 API，因此使用 Spark SQL 进行离线计算的任务可以很快转移到流式计算上。

3) 性能卓越

Spark Structured Streaming 在与 Spark SQL 共用 API 的同时，也会直接使用 Spark SQL 的 Catalyst 优化器和 Tungsten，数据处理性能十分出色。

4) 支持多种语言

Spark Structured Streaming 支持目前 Spark SQL 支持的所有语言，包括 Scala、Java、Python、R 和 SQL，用户可以选择自己喜欢的语言进行开发。

3.　Spark Structured Streaming 的数据模型

Spark Structured Streaming 的核心思想是将持续不断的数据流看作一张不断追加行的无界表，这样流式数据计算就能够被抽象为基于增量数据表的 SQL 操作。用户只需要定义 SQL 操作的方法，Spark Structured Streaming 就会在有增量数据时将增量数据收集起来并组成微批数据，然后在微批数据上执行 SQL 操作，以完成基于 SQL 的流式计算。Spark

Structured Streaming 的数据模型如图 3-22 所示。

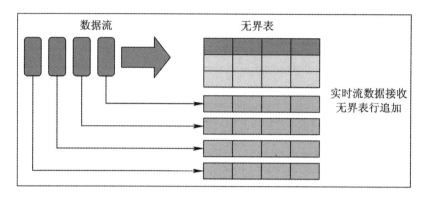

图 3-22　Spark Structured Streaming 的数据模型

Spark Structured Streaming 的数据流可看成表的行数据，我们可以连续地向表中追加数据。Spark Structured Streaming 将会产生一张结果表，如图 3-23 所示。其中：第 1 行是时间线，每秒都会有一个触发器；第 2 行是输入流，对输入流进行查询后，产生的结果最终会被更新到第 3 行的结果表中；第 4 行是查询的输出结果。

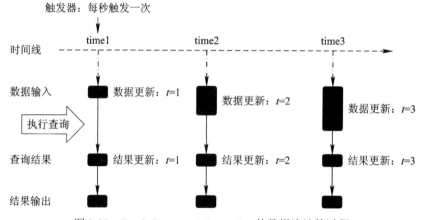

图 3-23　Spark Structured Streaming 的数据流计算过程

Spark Structured Streaming 的查询输出结果有 3 种不同的模式：

(1) 完全模式：用计算结果更新整个结果表。

(2) 追加模式：将上一次触发到当前时间段的数据追加到结果表的新行中，并写入外部存储。

(3) 更新模式：根据上一次触发到当前时间段的数据，在结果表中更新相应的行并写入外部存储。这种模式不同于完全模式，前者仅仅输出上一次触发后发生改变的数据。

在实际应用中，必须调用聚合函数才能使用完全模式，因为对于聚合操作来说，需要等待所有操作都执行完之后才能做统计，不然无法统计到所有数据。如果只简单使用了映射和过滤功能，那么可以使用追加模式。追加模式只对数据做解析处理，而不做复杂的聚合统计。

知识链接

创建一个 Spark Structured Streaming 应用

创建一个 Spark Structured Streaming 应用的过程如下。

1. 新建 StructStreaming 类

在 Spark 项目的目录下新建一个名为 StructStreaming 的类，然后在 StructStreaming 类的定义中输入如下代码以创建一个简单的 Spark Structured Streaming 应用，这个应用能监听 TCP 端口上的数据并进行实时处理，示例代码如下：

```
object StructStreaming {
    def main(args: Array[String]): Unit = {
        //定义 SparkSession
        val spark = SparkSession.builder.appName("StructStreaming").master("local").getOrCreate()
        import spark.implicits._
        //使用 spark.readStream()监听 TCP 端口上的数据并实时转换为流式的 DataFrame
        val lines = spark.readStream.format("socket").option("host", "localhost").option("port", 9999).load()
        //对实时接收到的数据进行划分和分组操作
        val words = lines.as[String].flatMap(_.split(""))
        val wordCounts = words.groupBy("value").count()
        wordCounts.printSchema()
        //定义数据流的输出模式并启动流计算
        val query = wordCounts.writeStream.outputMode("complete").format("console").start()
        query.awaitTermination()
    }
}
```

上述代码创建了一个简单的 Spark Structured Streaming 应用，涉及的核心操作如下：

(1) 定义 SparkSession。

(2) 定义 DataFrame。注意，这里使用 spark.readStream()来监听 TCP 端口上的数据并实时转换为 DataFrame。

(3) 定义 DataFrame 操作。这里基于 DataFrame 执行 groupBy 操作。

(4) 定义数据流的输出模式并启动实时流计算。

下面对上述代码进行解释。首先，名为 lines 的 DataFrame 表示一张包含流文本数据的无界表，其中包含一列名为 value 的字符串，并且流式数据中的每一条数据都将映射为表中的一行数据。然后，使用 lines.as(String)将 DataFrame 转换为名为 words 的 Dataset<String>，以便应用程序可以通过执行 flatMap 操作将每行拆分为多个单词。Words 中包含了所有的单词。接下来，通过 words.groupBy("value").count()对 Dataset<String>中的 Value 值进行分组统计，并将统计结果定义成名为 wordCounts 的 DataFrame。注意，wordCounts 是流式 DataFrame，它实现了流式数据的实时查询。最后，通过调用 start()

方法启动流计算。

2. 启动 TCP 服务器

在 Linux 系统中通过 netcat(nc)启动一个 TCP 服务器，具体代码如下：

nc -lk 9999

接下来，运行作业。

右击对应的类，使用弹出菜单中的命令运行应用程序。在 netcat 窗口中输入 sparkspark flink，显示如下结果，默认每 10 s 执行一次。

```
+-----+-----+
|value|count|
+-----+-----+
|spark|    2|
|flink|   -1|
+-----+-----+
```

同时，编译器中会展示如下日志。

```
INFO MicroBatchExecution: Streaming query made progress: {
    "id" : "95ea4102-8d5d-4141-af70-af7766fb7eb0",
    "runId" : "e341beae-ea63-4287-b60b-5b6d608f7557",
    "name" : null,
    "timestamp" : "2020-08-15T08:12:06.969Z",
    "batchId" : 1,
    "numInputRows" : 0,
    "inputRowsPerSecond" : 0.0,
    "processedRowsPerSecond" : 0.0,
    "durationMs" : {
        "latestOffset" : 0,
        "triggerExecution" : 0
    },
    "stateOperators" : [ {
        "numRowsTotal" : 0,
        "numRowsUpdated" : 0,
        "memoryUsedBytes" : 41600,
        "customMetrics" : {
            "loadedMapCacheHitCount" : 0,
            "loadedMapCacheMissCount" : 0,
            "stateOnCurrentVersionSizeBytes" : 12800
        }
    } ],
    "sources" : [ {
```

```
    "description" : "TextSocketV2[host: localhost, port: 9999]",
    "startOffset" : -1,
    "endOffset" : -1,
    "numInputRows" : 0,
    "inputRowsPerSecond" : 0.0,
    "processedRowsPerSecond" : 0.0
  } ],
  "sink" : {
    "description":
    "org.apache.spark.sql.execution.streaming.ConsoleTable$@4f1a6fb5",
    "numOutputRows" : 0
  }
}
```

通过上述日志，不但能看到具体的执行结果，而且能明确地看到 Spark 内部 Streaming Query 的执行过程。在执行 Streaming Query 的过程中，系统不但记录了 runId 和 batchId 等流式计算的描述信息，而且定义了 stateOperators 列表用于状态监控，定义了 sources 来表示实时查询的数据源，定义了 sink 来表示最终的数据处理结果。

3. 分析执行过程

在控制台连续输入 cat dog dog dog，统计结果如下：

```
+-----+-----+
|value|count|
+-----+-----+
| cat |    1|
| dog |    3|
+-----+-----+
```

再次输入 owl cat，统计结果如下，其中 cat 的个数为 2，dog 的个数为 3，owl 的个数为 1。也就是说，Spark Structured Streaming 会根据完全模式对输入的所有数据进行统计并输出到结果表中。

```
+-----+-----+
|value|count|
+-----+-----+
|cat|      2|
|dog|      3|
|owl|      1|
+-----+-----+
```

继续输入 owl cat，统计结果如下，其中 cat 的个数为 2，dog 的个数为 4，owl 的个数为 2。

```
+-----+-----+
```

```
|value|count|

+-----+-----+

|cat|    2|

|dog|    4|

|owl|    2|

+-----+-----+
```

Spark Structured Streaming 不会物化整个表,而是对实时获取的数据进行增量处理并更新结果,结果更新完之后清除数据。也就是说,Spark Structured Streaming 只保留计算所需的最少的中间状态数据。Spark Structured Streaming 模型与许多其他流处理引擎明显不同。许多流系统要求用户自行维护运行中的聚合数据,因此用户必须考虑容错和数据一致性。常见的数据一致性有至少一次(at-least-once)、最多一次(at-most-once)、恰好一次(exactly-once)。在 Spark Structured Streaming 的数据模型中,运行中聚合数据的维护以及结果表的更新都由 Spark 统一负责。

课 后 思 考

1. 什么是静态数据?什么是流数据?
2. 试分析流计算框架。
3. 简述 Spark Streaming 的工作原理。
4. 试分析 Spark Streaming 与 Storm 的关系。

第 4 章

Spark GraphX 图数据分析与处理

　　GraphX 是 spark 中的图计算组件，它的底层实现基于 RDD，因此，可以利用 Spark 进行海量图数据的分布式并行计算。GraphX 向用户提供了一个有向多重图(从一个顶点到另一个顶点可以有多条同向的边)的抽象，图中的边和顶点都可以被赋值(属性)。为了支持图计算，GraphX 提供了一组基本算子，同时还提供了优化过的 Pregel API 变种；此外，GraphX 还包含了一组不断增加的图算法和图构建集合，用来简化图分析任务。

- 了解图计算相关内容。
- 了解 Spark GraphX 发展历程。
- 熟悉图处理工具。
- 掌握 Spark GraphX 模块。

　　培养合理规划及对工作的责任心，提升沟通协作能力，具备整体创新思维能力。通过学习课程，学生能够增强信息意识、促进数字化创新与发展能力、树立正确的信息社会价值观和责任感。

4.1　图计算概述

1. 图计算

图计算中的图英文是 Graph，图计算英文的完整表达就是 Graph Computing。图计算研究客观世界中任何事物和事物之间的关系，对其进行完整的刻画、计算和分析的一门技术，是人工智能的使能技术。

图计算技术主要是由点和边组成的。举例来说，点可以是坐在演播室里的 3 个人，这 3 个人就是 3 个点，所谓的边就是这 3 个人之间的关系，如同事关系、亲戚关系、夫妻关系等。而且两个人之间的关系不仅限于一种描述，还可能有一些其他的关系，比如说项目合作关系、投资关系等。原则上两点之间的关系没有上限，可以有很多的各种关系。点越多，各点相互之间可能存在的关系也就越错综复杂。

在实际应用中存在许多图计算问题，例如最短路径、网页排名、连通分支等(见图 4-1)。图计算算法的性能直接关系到应用问题解决的高效性，尤其对于大型图更是如此，如社交网络。

图 4-1　图计算

2. 图的表示

许多大数据都是以大规模的图或网络的形式呈现，许多非图结构的大数据也常常会被转换为图模型后进行分析。

图是由一个有穷非空顶点集合和一个描述顶点之间多对多关系的边集合组成的数据结构。图的结构通常表示为 G(V, E)，其中 G 表示一个图(graph)，V 是图 G 中顶点(vertex)的集合，E 是图 G 中边(edge)的集合(见图 4-2)。

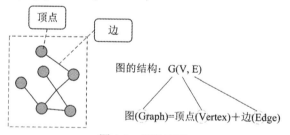

图 4-2　图的表示

例如，微信的社交网络中由节点(个人或公众号)和边(关注或点赞)构成图；淘宝的交易网络中由节点(个人或商品)和边(购买或收藏)构成图；网页的链接网络中由节点(网页)和边(链接)构成图(见图 4-3)。

图 4-3　实际应用中的图

3. 图的结构

图是一种数据元素间多对多关系的数据结构,加上一组基本操作构成的抽象数据类型,是一种复杂的非线性结构。在图结构中，每个元素都可以有零个或多个前驱，也可以有零个或多个后继，也就是说，元素之间的关系是任意的(见图 4-4)。

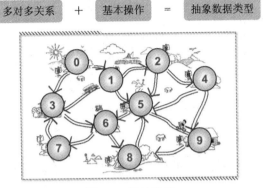

图 4-4　图的结构

按照有无方向，可分为无向图和有向图，如图 4-5 所示。

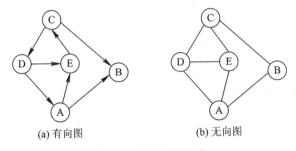

(a) 有向图　　　　　　　(b) 无向图

图 4-5　图的结构分类

在有向图中，一条边的两个顶点一般扮演着不同的角色，比如父子关系、页面 A 连接向页面 B。

在无向图中，边没有方向，即关系都是对等的，比如 QQ 中的好友。

图数据结构很好地表达了数据之间的关联性，而关联性计算是大数据计算的核心——通过获得数据的关联性，可以从海量数据中抽取有用的信息。

4. 图处理技术

图处理技术通常包括图数据库、图数据查询、图数据分析和图数据可视化四个部分(见图 4-6)。

图 4-6　图处理技术

(1) 图数据库主要包括 Neo4j 等基于遍历算法的、实时的图数据库。

(2) 图数据查询主要指对图数据库中的内容进行查询。

(3) 图数据分析主要包括 Google Pregel、Spark GraphX、GraphLab 等图计算软件。

(4) 图数据可视化主要是对图中的节点和边之间的关系进行可视化。

传统的数据分析方法侧重于事物本身，即实体。而图数据不仅关注事物，还关注事物之间的联系。例如，如果在通话记录中发现张三曾打电话给李四，就可以将张三和李四关联起来，这种关联关系提供了与两者相关的有价值的信息，这样的信息是不可能仅从两者单纯的个体数据中获取的(见图 4-7)。

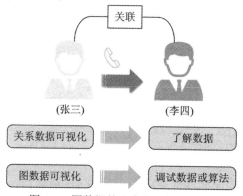

图 4-7　图数据关注事物之间的联系

图可视化与关系数据可视化之间有很大的差异，关系数据可视化的目标是对数据取得直观的了解，而图数据可视化的目标在于对数据或算法进行调试。

5. 图处理工具

通常，在进行大规模图数据分析时都会组合使用图数据库如 Neo4j 和图计算软件如 Spark GraphX(见图 4-8)。

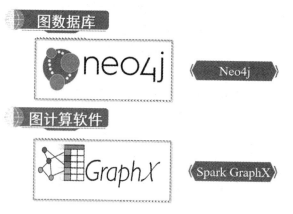

图 4-8　图处理工具

Neo4j 实现了专业数据库级别的图数据模型的存储。与普通的图处理或内存级数据库不同，Neo4j 提供了完整的数据库特性，包括 ACID 事务的支持、集群支持、备份与故障转移等，这使其适合于企业级生产环境下的各种应用。Neo4j 自底向上构建成一个图数据库。它的体系结构旨在优化快速管理、存储和遍历节点和关系。Neo4j 与传统数据库的区别可参考表 4-1。

表 4-1　Neo4j 与传统数据库的区别

Neo4j	RDBMS
允许对数据简单且多样的管理	高度结构化的数据
数据添加和定义灵活，不受数据类型和数量的限制，无须提前定义	表格 schema 需预定义，修改和添加数据结构和类型复杂，对数据有严格的限制
常数时间的关系查询操作	关系查询操作耗时
提出全新的查询语言 cypher，查询语句更加简单	查询语句更为复杂，尤其涉及 join 或 union 操作时

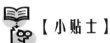【小贴士】

Neo4j 分 3 个版本：社区版(community)、高级版(advanced)和企业版(enterprise)。

社区版是基础，它使用的是 GPLv3 协议，这意味着修改和使用其代码都需要开源，但是这建立在软件分发的基础上，如果使用 Neo4j 作为服务提供，而不分发软件，则不需要开源。这实际上是 GPL 协议本身的缺陷。

高级版和企业版建立在社区版的基础上，但多出一些高级特性。高级版包括一些高级监控特性，而企业版则包括在线备份、高可用集群以及高级监控特性。要注意三个版本使用了 AGPLv3 协议，也就是说，除非获得商业授权，否则无论以何种方式修改或者使用 Neo4j，都需要开源。

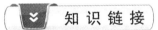　知识链接

Neo4j 相关特性

1. 数据模型

Neo4j 被称为属性图(property graph)，除了顶点(node)和边(relationship，其包含一个类型)，还有一个重要的部分——属性。无论是顶点还是边，都可以有任意多的属性。属性的存放类似于一个哈希映射(hashmap)，key 为一个字符串，而 value 必须是 Java 基本类型，或者是基本类型数组，如 String、int 或者 int[]都是合法的。

2. 索引

Neo4j 支持索引，其内部实际上通过 Lucene 实现。

3. 事务

Neo4j 完整支持事务，即满足 ACID 性质。ACID 是以下四个事务特性的缩写：

1) 原子性

一个事务的所有工作要么都(成功)执行，要么都不执行。不会发生只执行一部分的情况。比如说，一个事务开始更新 100 行记录，但是在更新了 20 行之后(因为某种原因)失败了，那么此时数据库会回滚(撤销)对那 20 条记录的修改。

2) 一致性

事务将数据库从一个一致性状态带入另一个一致性状态。比如说，在一个银行事务(在描述关系数据库事务的特性时，基本上都是用银行事务来作为描述对象的)中，需要从存储账户扣除款项，然后在支付账户中增加款项。如果在这个中转的过程发生了失败，那么绝对不能让数据库只执行其中一个账户的操作，因为这样会导致数据处于不一致的状态(这样的话，银行的账目上借贷就不平衡了)。

3) 隔离性

这个特性是说，直到事务结束时，其他事务(或者会话)对此事务所操作的数据都不可见(但并不是说其他会话的读取会被阻塞)。比如，一个用户正在修改 hr.employees 表，但是没有提交，那么其他用户在这个修改没有提交之前是看不到该修改的。

4) 永久性

被提交的更改会永久地保存到数据库中(并不是说以后就不可以修改)。事务提交之后，数据库必须通过"恢复机制"来确保事务更改的数据不会丢失。

4. 遍历和查询

遍历是图数据库中的主要查询方式，所以遍历是图数据中相当关键的一个概念。可以用两种方式来进行遍历查询：第一种是直接编写 Java 代码，使用 Neo4j 提供的 traversal 框架；第二种方式是使用 Neo4j 提供的描述型查询语言——Cypher。

5. 图算法

Neo4j 实现的三种图算法：最短路径(最少数目的关系)、Dijkstra 算法(解决有向图中任意两个顶点之间的最短路径问题)以及 A*算法(是解决静态路网中求解最短路最有效的方法)。

6. 嵌入式可扩展

Neo4j 是一个嵌入式、基于磁盘的、支持完整事务的 Java 持久化引擎，它在图像中而不是表中存储数据。Neo4j 提供了大规模的可扩展性，在一台机器上可以处理数十亿节点、关系、属性的图像，可以扩展到多台机器并行运行。相对于关系数据库来说，图形数据库善于处理大量复杂、互连接、低结构化的数据，这些数据变化迅速，需要频繁地查询——在关系数据库中，这些查询会导致大量的表连接，因此会产生性能上的问题。Neo4j 重点解决了拥有大量连接的传统 RDBMS 在查询时出现的性能衰退问题。通过围绕图形进行数据建模，Neo4j 会以相同的速度遍历节点与边，其遍历速度与构成图形的数据量没有任何关系。

6. 图计算应用

目前在图计算方面一些成功的应用可参考图 4-9。

图 4-9　成功的图计算应用

Google 的 PageRank 网页排名。PageRank 是通过网页之间的链接网络图计算网页等级的，是 Google 网页排名中的重要算法。

新浪微博社交网络分析，通过用户之间的关注、转发等行为建立了用户之间的社交网络关系图，根据用户在社交网络中所占位置为用户进行分析和应用。

淘宝的推荐应用，将商品之间的交互做成一张大的网络图，在应用过程中就可以通过点与点之间的关系将与某商品相关的其他商品推荐给用户。

华为图引擎服务(Graph Engine Service，GES)是针对以"关系"为基础的"图"结构数据进行查询、分析的服务。它广泛应用于社交关系分析、推荐、精准营销、舆情及社会化聆听、信息传播、防欺诈等具有丰富关系数据的场景。其主要应用场景有互联网应用、知识图谱应用、金融风控应用、城市工业应用和企业 IT 应用。

腾讯星图(Star Knowledge Graph，SKG)也称知识图谱，是一个图数据库和图计算引擎的一体化平台，融合治理异构异质数据；提供关联查询、可视化图分析、图挖掘、机器学习和规则引擎；支持万亿关联关系数据的快速检索、查找和浏览；挖掘隐藏关系并模型化业务经验。其应用场景有金融、泛安全和物联网。

4.2　Spark GraphX

1.　Spark GraphX 概述

GraphX 是 Spark 中用于图和图并行计算的组件，从整体上看，GraphX 通过扩展 Spark RDD 引入新的图抽象，将有效信息放在顶点和边的有向多重图。为了支持图形计算，GraphX 公开了一系列基本运算(如 subgraph、joinVertices 和 aggregateMessages)，以及优化后的 Pregel API 的变形。此外，GraphX 包括越来越多的图形计算和 builder 构造器来简化图形分析任务。与其他分布式图计算框架相比，GraphX 最大的贡献是在 Spark 之上提供了一站式解决方案，可以方便高效地完成图计算的一整套流水作业。

与其他的图计算框架相比，Graphx 具有以下几个特点：

1) 更加灵活

GraphX 将数据抽取、转换、加载(Extract-Transform-Load，ETL)，探索性分析(exploratory analysis)以及迭代图形计算(iterative graph computation)集成到了一个系统中。在此之前，上述 3 个功能往往需要不同的工具来完成。开发时，对于同一份图数据，既可以从集合的角度使用 RDD 高效地对图进行变换(transform)和连接(join)，也可以使用 Pregel API 来编写自定义的迭代图算法。

2) 处理速度更快

GraphX 与当前最快的图处理系统 GraphLab 都执行 PageRank 图算法，在相同的计算数据、迭代次数情况下，GraphX 的速度是 GraphLab 的 1.3 倍。与此同时，GraphX 还可以利用 Spark 的灵活、容错和易用等特性。

3) 算法更丰富

GraphX 除了已有的高度灵活的 API 外，还采用了很多用户贡献的图算法(因为 Spark

是开源的), 例如, 网页重要性评估(PageRank)、连通分支(connected components)、标签传播(propagation)等, 所以 GraphX 图算法更丰富。

2. Spark GraphX 模块

Spark 的每一个模块都有一个基于 RDD 的便于自己计算的抽象数据结构, 如 SQL 的 DataFrame, Streaming 的 DStream, Spark GraphX 的数据抽象是 Graph(见图 4-10)。这里的 Graph, 是一种点和边都带属性的有向多重图, 边有起点和目的节点, 顶点间可以有多重关系。

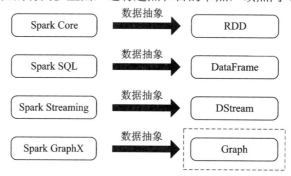

图 4-10　Spark GraphX 的数据抽象

Graph 扩展了 Spark RDD 的抽象, 有 Table View 和 Graph View 两种视图, 而只需要一份物理存储(见图 4-11)。

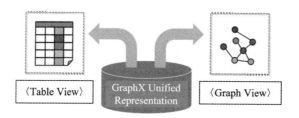

图 4-11　Graph 的两种视图

以上两种视图都有自己独有的操作符, 从而获得灵活的操作和执行效率。

Spark GraphX 是一个分布式图处理框架, 是一个基于 Spark 平台提供图计算和图挖掘的简洁易用且丰富多彩的接口, 极大地方便了用户对分布式图处理的需求。

GraphX 的分布式或者并行处理其实是把图拆分成很多的子图, 然后分别对这些子图进行计算, 计算的时候可以分别迭代进行分阶段的计算(见图 4-12)。

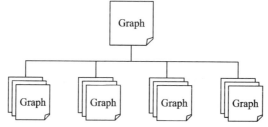

图 4-12　Spark GraphX 分布式图处理框架

Spark GraphX 中包含了对图的一系列操作方法, 如 InDegress、OutDcgress、subgraph 等。

3.   Spark GraphX 的发展历程

GraphX 的发展历程可以总结为以下几个阶段(见图 4-13)。

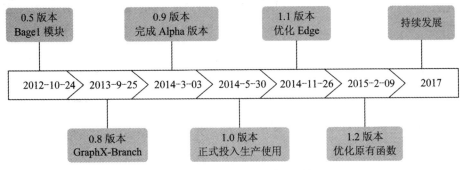

图 4-13   Spark GraphX 发展历程

早在 0.5 版本，Spark 就带了一个小型的 Bagel 模块，提供了类似 Pregel 的功能。

到 0.8 版本时，鉴于业界对分布式图计算的需求日益增长，Spark 开始独立一个分支
GraphX-Branch。

在 0.9 版本中，这个模块被正式集成到主干。

1.0 版本中，GraphX 正式投入生产使用。

Graphx 目前依然处于快速发展中，从 0.8 的分支到 1.2,每个版本都有不少改进和重构，
使其具有强大的竞争力。

4.   Spark GraphX 的整体架构

GraphX 的整体架构可以分为 3 个部分：存储和原语层、接口层、算法层(见图 4-14)。

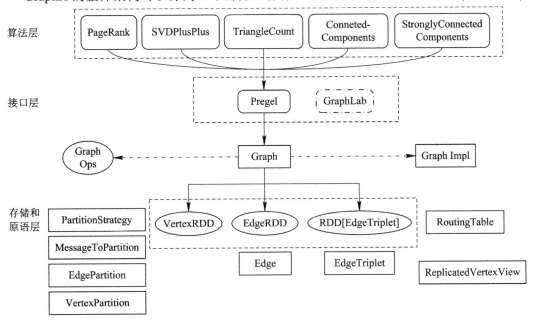

图 4-14   整体架构

存储和原语层中的 Graph 类是图计算的核心类，内部含有 VertexRDD、EdgeRDD 和 RDD[EdgeTriplet]引用。

接口层在底层 RDD 的基础之上实现 Pragel 模型，BSP 模式的计算接口。

算法层基于 Pregel 接口实现了常用的图算法，包含 PageRank、SVDPlusPlus 等。

课 后 思 考

1. 简述图处理技术及图处理工具。
2. 简述 Spark GraphX 的特点。
3. 试分析 Spark GraphX 的整体架构。

第 5 章

Spark MLlib 机器学习

章 节 导 读

　　MLlib 是 Spark 的机器学习库，它提供了丰富的机器学习算法，如相关性计算、假设检验等。同时，由于 Spark 是开源软件，它还吸收了不少用户所贡献的算法实现，MLlib 几乎囊括了机器学习领域的常用算法。无疑，Spark 的 MLlib 受益于 Spark 基于内存迭代的分布式计算特性成为极为出色的快速机器学习算法平台。

学 习 目 标

- 了解机器学习的过程。
- 熟悉基于大数据的机器学习与传统机器学习的区别。
- 掌握 Spark MLlib 的特点及其数据类型。

思 政 目 标

　　了解大数据、人工智能等新兴信息技术，具备支撑专业学习的能力，提升国民信息素养，增强个体在信息社会的适应力与创造力。

5.1　基于大数据的机器学习

1. 机器学习

　　机器学习可以看作是一门人工智能的科学，该领域主要的研究对象是人工智能，机器学习会利用数据或以往的经验来优化计算机程序的性能标准。

　　机器学习强调 3 个关键词，即算法、经验和性能，其处理过程如图 5-1 所示。

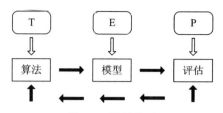

图 5-1　机器学习

针对任务 T(Task)，算法从数据中获取经验 E(Experience)构建模型，并通过性能度量 P(Performance)对所构建的模型进行评估。评估的性能如果达到要求，就用该模型来测试其他的数据；如果达不到要求，就要调整算法来重新建立模型，再次进行评估。如此循环往复，最终获得满意的经验来处理其他的数据。机器学习技术和方法已经被成功应用到多个领域，比如个性推荐系统、金融反欺诈、语音识别、自然语言处理和机器翻译、模式识别、智能控制等。

1) 机器学习分类

机器学习按照学习形式，可分为监督学习、无监督学习、半监督学习和强化学习。

监督学习的输入是有标注分类标签的样本集，通俗地说就是给定了一组标准答案。监督学习从给定了分类标签的样本集中学习出一个函数，当新的数据到来时，就可以根据这个函数预测新数据的分类标签。常见的监督学习算法包括回归分析和统计分类。

与监督学习相比无监督学习，样本集中没有预先标注好的分类标签，即没有预先给定的标准答案。无监督学习没有告诉计算机怎么做，而是让计算机自己学习如何对数据进行分类，然后对那些正确分类行为采取某种形式的激励。常见的无监督学习算法有聚类。

半监督学习介于监督学习与无监督学习之间，其主要解决的问题是利用少量的标注样本和大量的未标注样本进行训练和分类，从而达到减少标注代价、提高学习能力的目的。

强化学习是一种以环境反馈作为输入的、特殊的、适应环境的方法，每个动作都会对环境有所影响，学习对象根据观察到的周围环境的反馈做出判断。常见的应用场景包括动态系统以及机器人控制等。

2) 机器学习算法

机器学习常见的算法有：

(1) 构造条件概率，回归分析和统计分类。

① 决策树；

② 高斯过程回归；

③ 线性判别分析；

④ 最近邻居法；

⑤ 感知器；

⑥ 径向基函数核；

⑦ 支持向量机；

⑧ 人工神经网络。

(2) 通过再生模型构造概率密度函数。

① 最大期望算法；

② 贝叶斯网和 Markov 随机场。

(3) 图模型的近似推理方法。

① 马尔可夫链蒙特卡罗方法；

② 变分法。

知 识 链 接

常用的数据分析与挖掘工具

"工欲先善其事，必先利其器！"这里的"器"含有两方面的意思：一方面是软实力，包含对企业业务逻辑的理解、理论知识的掌握和施展工作的清醒大脑；另一方面是硬实力，即对数据挖掘工具的掌握。以下是针对数据分析和挖掘过程中所使用的几种常用工具的简单介绍。

1. R 语言

R 语言是由奥克兰大学统计系的 Robert Gentleman 和 Ross Ihaka 共同开发的，并在 1993 年首次亮相。它具备灵活的数据操作、高效的向量化运算、优秀的数据可视化等优点，受到用户的广泛欢迎。近年来，由于其易用性和可扩展性，R 语言的知名度大大提高。同时，它也是一款优秀的数据挖掘工具，用户可以借助强大的第三方扩展包，实现各种数据挖掘算法的落地。

2. Python

Python 是由荷兰人 Guido van Rossum 于 1989 年发明的，并在 1991 年首次公开发行。它是一款简单易学的编程类工具，同时，其编写的代码具有简洁性、易读性和易维护性等优点，受到广大用户的青睐。它原本主要应用于系统维护和网页开发，但随着大数据时代的到来，数据挖掘、机器学习、人工智能等技术越发热门，进而促使了 Python 进入数据科学的领域。Python 同样拥有五花八门的第三方模块，用户可以利用这些模块完成数据科学中的工作任务，例如，pandas、statsmodels、scipy 等模块用于数据处理和统计分析；matplotlib、seaborn、bokeh 等模块实现数据的可视化功能；sklearn、PyML、keras、tensorflow 等模块实现数据挖掘、深度学习等操作。

3. Weka

Weka 由新西兰怀卡托大学计算机系的 Ian Written 博士于 1992 年末开发，并在 1996 年公开发布 Weka 2.1 版本。它是一款公开的数据挖掘平台，包含数据预处理、数据可视化等功能，以及各种常用的回归、分类、聚类、关联规则等算法。不擅长编程的用户可以通过 Weka 的图形化界面完成数据分析或挖掘的工作内容。

4. SAS

SAS 是由美国北卡罗来纳州大学开发的统计分析软件，当时主要是为了解决生物统计方面的数据分析。1976 年成立 SAS 软件研究所，经过多年的完善和发展，SAS 最终在国际上被誉为"统计分析的标准软件"，进而在各个领域广泛应用。SAS 由数十个模块构成，其中 Base 为核心模块，主要用于数据的管理和清洗；GHAPH 模块可以帮助用户实现数据的可视化；STAT 模块则涵盖了所有的实用统计分析方法；EM 模块则是更加人性化的图形界面，通过"拖拉拽"的方式实现各种常规挖掘算法的应用。

5. SPSS

SPSS 是世界上最早的统计分析软件，最初由斯坦福大学的三个研究生在 1968 年研发成功，并成立 SPSS 公司，1975 年成立了 SPSS 芝加哥总部。用户可以通过 SPSS 的界面实现数据的统计分析和建模、数据可视化及报表输出，其简单的操作受到了众多用户的喜爱。除此之外，SPSS 还有一款 Modeler 工具，其前身是 Clementine，2009 年被 IBM 收购后，对其性能和功能做了大幅的改进和提升。该工具充分体现了数据挖掘的各个流程，例如数据的导入、清洗、探索性分析、模型选择、模型评估和结果输出，用户可基于界面化的操作完成数据挖掘的各个环节。

以上介绍的几种常用工具中，R 语言、Python 和 Weka 都属于开源工具，不需要支付任何费用就可以从官网下载并安装使用；SAS 和 SPSS 为商业软件，需要支付一定的费用方可使用。

2. 模型与算法的关系

机器学习涉及机器学习算法和模型的使用。很多时候这两个概念区分不清楚，会把算法叫作模型，模型叫作算法。什么是模型呢？模型表示机器学习算法所学到的内容，是用数据对算法进行训练后得到的。机器学习中的"算法"是在数据上运行以创建机器学习"模型"的过程(见图 5-2)。

图 5-2　模型与算法的关系

机器学习算法执行"模式识别"。算法从数据中"学习"，或者对数据集进行"拟合"。机器学习算法有很多，例如 K-近邻算法、回归算法(如线性回归)、聚类算法(如 K-均值算法)。

3. 基于大数据的机器学习

由于技术和单机存储的限制，传统的机器学习算法只能在少量数据上使用，即以前的统计/机器学习依赖于数据抽样。但实际过程中样本往往很难做好随机，导致学习的模型不是很准确，在测试数据上的效果也可能不太好。随着 HDFS 等分布式文件系统出现，存储海量数据已经成为可能。在全量数据上进行机器学习也成为可能，这顺便也解决了统计随机性的问题。然而，由于 MapReduce 自身的限制，使用 MapReduce 来实现分布式机器学习算法非常耗时且消耗磁盘 I/O。因为通常情况下机器学习算法参数学习的过程都是迭代计算的，即本次计算的结果要作为下一次迭代的输入，这个过程中，如果使用 MapReduce，只能把中间结果存储磁盘，然后在下一次计算的时候重新读取，这对于迭代频发的算法显然是致命的性能瓶颈。

在大数据上进行机器学习需要处理全量数据并进行大量的迭代计算，这要求机器学习平台具备强大的处理能力。Spark 立足于内存计算，天然地适应于迭代式计算。即便如此，对于普通开发者来说，实现一个分布式机器学习算法仍然是一件极具挑战的事情。幸运的是，Spark 提供了一个基于海量数据的机器学习库，可以提供常用机器学习算法的分布式实现，开发者只需要有 Spark 基础并且了解机器学习算法的原理以及方法相关参数的含义，就可以轻松地通过调用相应的 API 来实现基于海量数据的机器学习过程。此外，Spark-Shell 的即席查询也是一个关键。算法工程师可以边写代码边运行边看结果。Spark 提供的各种高效的工具正使得机器学习过程更加直观便捷。比如通过 sample 函数，可以非常方便地进行抽样。当然，Spark 发展到后面拥有了实时批计算、批处理、算法库、SQL、流计算等模块，基本可以看作是全平台的系统，把机器学习作为一个模块加入 Spark 中，也是大势所趋。

4. 基于大数据的机器学习与传统机器学习的区别

基于大数据的机器学习和传统的机器学习有什么区别呢？

通常来说，传统的机器学习一般都是单机的。单机无论是计算还是存储都很有限。所以在以前，传统机器学习算法只能在少量数据集上使用，一般需要从海量数据中抽样出一部分数据，在单机上进行训练，得到模型，这就是传统机器学习(见图 5-3)。

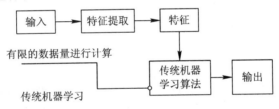

图 5-3　传统机器学习算法

随着大数据技术出现，有了海量的存储空间，再加上强大的计算能力，就没有必要再进行数据抽样，完全可以在全量数据上进行机器学习。

简而言之，传统的机器学习是抽样，现在是全量学习。

5. Spark 对于机器学习的优势

在大数据环境下机器学习领域，MapReduce 是否可以直接拿来用呢？

虽然可以用 MapReduce 来做机器学习，但 MapReduce 有个很大的缺陷是基于磁盘的计算框架，读写磁盘经常发生，每个 MapReduce 结束后都会写一次磁盘(见图 5-4)。

图 5-4　MapReduce 对机器学习的缺陷

如果是迭代计算的话，MapReduce 每次都会读写磁盘，而像 logist 回归等机器学习算法都包含大量的迭代计算，迭代计算让 MapReduce 的缺陷充分暴露出来(见图 5-5)。

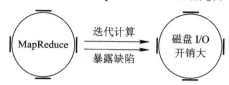

图 5-5　迭代计算 I/O 开销大

正是因为这个原因，MapRedue 并不适合做机器学习。

而 Spark 是基于内存的计算框架，用有向无环图的机制让各种操作尽量不落磁盘，而在内存中完成数据的握手，一个操作的输出马上作为另一个操作的输入，这样，Spark 就避免了频繁读写磁盘的开销，因而 Spark 非常适合机器学习(见图 5-6)。

图 5-6　Spark 对机器学习的优势

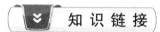

Spark 未来的趋势——数据湖

1. 数据湖概述

数据湖(Data Lake)指的是可以存储任意格式数据(结构化和非结构化数据)的存储中心。数据湖和数据仓库最大的区别是，数据湖对数据的存储格式没有要求，任何格式的数据在数据湖中都可轻松管理。

2. 数据湖与数据仓库的对比

数据湖是在数据仓库(简称数仓)的基础上提出的，其范围比数仓更广泛。数据湖和数仓的主要差别表现在以下几个层面：

(1) 在数据层面，数仓中的数据大部分来自事务系统、运营数据库和业务线应用程序，因而拥有相对明确的数据结构；而数据湖中的数据来自物联网设备、网站、移动应用程序、社交媒体和企业级应用程序等，既包含结构化数据，也包含非结构化数据。

(2) 在 Schema 层面，数仓的 Schema 在数据入库之前的设计阶段就产生了，而数据湖的 Schema 是在写入数据时通过实时分析数据结构产生的。

(3) 在数据质量层面，数仓中的数据因为具备完整的数据结构并且支持事务操作等，所以比数据湖中的数据好。

(4) 在应用层面，数仓主要用于批处理报告、报表和可视化等；数据湖主要用于机器学习、预测分析、数据发现和分析等。

3. 数据湖面临的挑战

(1) 对数据湖进行的读写操作不可靠。由于数据湖中的数据动辄达到 TB 级，因此读写相对耗时，不可能像关系数据库那样以锁表加事务的方式保障数据的一致性。这会导致在数据写入过程中有人读取数据时看到中间状态数据的情况发生，类似于数据库中的"幻读"。在数据湖的实际设计中，可通过添加版本号等方式解决这个问题。

(2) 数据湖的数据质量较差。由于数据湖对数据的结构没有要求，因此大量的非结构化数据会存入数据湖，这给后期数据湖中数据的治理带来了很大的挑战。

(3) 随着数据量的增加性能变差。随着数据湖中数据操作的增加，元数据也会不断增加，但数据湖架构一般不会删除元数据信息，这将导致数据湖不断膨胀，数据处理作业在元数据的查询上将消耗大量的时间。

(4) 更新数据湖中的记录非常困难。数据湖中数据的更新需要工程师通过复杂逻辑才能实现，维护困难。

(5) 数据回滚的问题。在数据处理过程中，错误是不可避免的，因此数据湖必须有良好的回滚方案以保障数据的完整性。

5.2　Spark MLlib

1.　Spark MLlib 的特点

Spark 提供了一个基于海量数据的机器学习库，提供了常用机器学习算法的分布式实现。要注意，以前很多算法都是单机版的，Spark 实现了对应的分布式算法，这样就可以借助集群的方式大大提升运行分析的能力。

使用者只需要具备基本的 Spark 编程基础，能够简单地了解机器学习算法的原理以及相关参数的含义，就能非常轻松的调用相应的算法 API，实现基于海量数据的机器学习过程大大减轻了机器学习开发人员的负担(见图 5-7)。

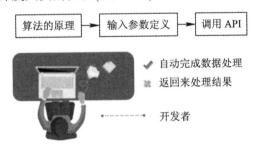

图 5-7　开发者使用 Spark MLlib 示意图

2.　Spark MLlib 的适用范围

并不是所有的机器学习算法都能够用在 Spark 当中，只有那些能够在集群中并行执行的算法才会被改造。而那些单机版算法无法进行改造。

一些近几年较新的算法因为在集群中能够获得比较好的性能也被纳入到了 Spark 当中(见图 5-8)。

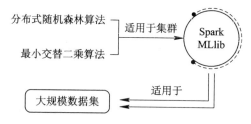

图 5-8 Spark MLlib 适用范围

比如分布式的随机森林算法，在 MLlib 中的每一个算法都适合用于大规模数据集进行并行分布式计算。如果是一些小规模数据集，不建议使用 Spark MLlib，可以使用传统的单机版的机器学习算法库，比如 Weka。

另外，分布式框架是有初始化成本的，如果只是少量数据处理，不建议使用。

【小贴士】

有时候 Spark MLlib 被称为 Spark ML，Spark ML 是一个非正式的名字，偶尔被用来指代基于 DataFrame 的 API，这是因为基于 DataFrame 的 API 使用 org.apache.spark.ml 包。不同版本的 Spark 所包含的 MLlib 库是不一样的。

从 1.2 版本以后 Spark 机器学习库被分为以下两个包：

(1) Spark.mllib 包含基于 RDD 的原始算法 API，Spark MLlib 历史比较长，在 1.0 以前的版本即已经包含了，它提供的算法实现都是基于原始的 RDD。

(2) Spark.ml 提供了基于 DataFrames 高层次的 API，可以用来构建机器学习工作流 (PipeLine)。ML Pipeline 弥补了原始 MLlib 库的不足，向用户提供了一个基于 DataFrame 的机器学习工作流式 API 套件。

使用 ML Pipeline API 可以很方便地把数据处理、特征转换、正则化以及多个机器学习算法联合起来，构建一个单一完整的机器学习流水线 (pipeline)。这种方式给使用者提供了更灵活的方法，更符合机器学习过程的特点，也更容易从其他语言迁移。Spark 官方推荐使用 spark.ml。如果新的算法能够适用于机器学习管道的概念，就应该将其放到 spark.ml 包中，例如特征提取器和转换器。

Spark 在机器学习方面的发展非常快，目前已经支持主流的统计和机器学习算法。纵观所有基于分布式架构的开源机器学习库，MLlib 可以算是计算效率最高的。MLlib 目前支持 4 种常见的机器学习问题——分类、回归、聚类和协同过滤。表 5-1 列出了目前 MLlib 支持的主要的机器学习算法。

表 5-1 MLlib 支持的主要的机器学习算法

学习方式	离 散 数 据	连 续 数 据
监督学习	Classification、LogisticRegression(with Elastic-Net)、SVM、DecisionTree、RandomForest、GBT、NaiveBayes、MultilayerPerceptron、OneVsRest	Regression、LogisticRegression(with Elastic-Net)、DecisionTree、RandomFores、GBT、AFTSurvivalRegression、IsotonicRegression
无监督学习	Clustering、KMeans、GaussianMixture、LDA、PowerIterationClustering、BisectingKMeans	Dimensionality Reduction, matrixfactorization、PCA、SVD、ALS、WLS

3. Spark MLlib 库

Spark MLlib 架构由底层基础、算法库和应用程序三部分构成(见图 5-9)。

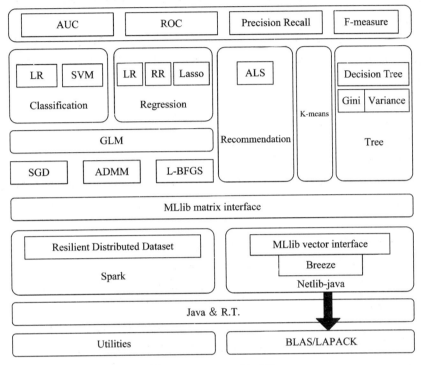

图 5-9　Spark MLlib 架构

1) 底层基础

底层基础包括 Spark 的运行库、进行线性代数相关技术的矩阵库和向量库。例如，位于图 5-9 右下角的 BLAS/LAPACK，它是矩阵计算的数学库，主要做一些线性代数或者矩阵的计算，这些矩阵库和向量库都会使用 Scala 语言基于 Netlib 和 BLAS/LAPACK 开发的线性代数库 Breeze。

2) 算法库

算法库包括 Spark MLlib 实现的具体机器学习算法，以及为这些算法提供的各类评估方法。主要实现算法包括建立在广义线性回归模型的分类和回归，以及协同过滤、聚类和决策树。例如，在图 5-9 中，在 MLlib vector interface 之上就是各种机器学习算法库，左侧的 Classification 是分类算法，Regression 用于做回归迭代计算。其中 Classification 和 Regression 的底层都是 GLM，即广义线性模型，其优化算法有 SGD、ADMM 和 L-BFGS。在算法库的中间部分是 Recommendation，这里实现的是 ALS。推荐算法右侧是聚类 K-means。在聚类右侧是决策树相关的内容。在 MLlib 整个架构图的最上层是 MLlib 中已经提供的各类算法评估方法，如 AUC、ROC 等。

3) 应用程序

应用程序包括测试数据的生成以及外部数据的加载等功能。

4. Spark ML 库

Spark 的 ML 库基于 DataFrame 提供高性能 API，帮助用户创建和优化实用的机器学习流水线，包括特征转换独有的 Pipelines API。相比较 Spark MLlib，变化主要体现在以下几个方面：

(1) 从机器学习的 Library 开始转向构建机器学习工作流的系统，ML 把整个机器学习的过程抽象成 Pipeline，一个 Pipeline 是由多个 Stage 组成，每个 Stage 由 Transformer 或者 Estimator 组成。

(2) ML 框架下所有的数据源都基于 DataFrame，所有模型都基于 Spark 的数据类型表示，Spark ML 的 API 操作也从 RDD 向 DataFrame 全面转变。

Spark ML 针对机器学习采用标准化 API，使得将多种算法结合到一个流水线(pipeline)变得容易。Spark ML 关键 API 包括：

① DataFrame：Spark ML 将 Spark SQL 的 DataFrame 作为一个 ML 数据集使用，支持多种数据类型。一个 DataFrame 可以有不同的列存储文本(text)、特征向量(feature vectors)、真实标签(true labels)和预测(predictions)。

② Transformer：Transformer 是实现一个 DataFrame 转换成另一个 DataFrame 的算法。例如，一个 ML 模型是实现特征 DataFrame 到预测 DataFrame 的变换。

③ Estimator：Estimator 是适配一个 DataFrame，产生另一个 Transformer 的算法。例如，一个学习算法是训练一个 DataFrame，并产生一个模型的评估。

④ Pipeline：Pipeline 是指定连接多个 Transformers 和 Estimators 的 ML 工作流。

⑤ Parameter：全部的 Transformers 和 Estimators 共享一个指定 Parameter 的通用 API。

1) DataFrame

机器学习可以应用于多种数据类型，如向量、文本、图像和结构化数据。Spark ML 采用 Spark SQL 的 DataFrame 支持多种基本和结构化数据，包括 Spark SQL 的支持数据类型和 ML 向量类型。一个 DataFrame 可以通过一个规则的 RDD 创建，DataFrame 的列可以使用文本(text)、特征(features)、标签(label)命名。

2) Pipeline 组件

(1) Transformer：一个 Transformer 包含特征转换(feature transformers)和被学习模型(learned models)。从技术上讲，一个 Transformer 实现了 transtransform()方法，该方法转换一个 DataFrame 成为另一个 DataFrame，通常会被追加一个或者更多列。

例如，一个特征转换可能取一个 DataFrame，读一个列(如文本)，将其映射到一个新列(如特征向量)，并输出一个映射了附加列的新 DataFrame。一个学习模型可能取一个 DataFrame，读包含特征向量的列，预测每个特征向量的标签，并输出一个预测标签附加列的新 DataFrame。

(2) Estimator：一个 Estimator 是一个学习算法，或任何适合的算法，或训练的数据。从技术上讲，一个 Estimator 实现了 fit()方法，该方法接受一个 DataFrame 能够产生一个 Transformer 模型。

例如，一个学习算法如 LogisticRegression 是一个 Estimator，调用 fit()训练一个 Logistic-Regression 模型，是一个 Transformer。

（3）Pipeline 组件属性：Transformer 的 transform()和 Estimator 的 fit()都是无状态的。任何一个 Transformer 和 Estimator 都有一个唯一的 ID，在指定参数时非常有用。

3) Pipeline

在机器学习中，流水线通常是指运行一系列算法的过程，并从数据中学习。例如，一个简单的文本文档处理工作流程可能包括以下几个阶段：

（1）将每个文档的文本切分成单词；

（2）将每个文档单词转换成一个数值特征向量；

（3）使用特性向量和标签，学习一个预测模型；

（4）Spark ML 代表一个作为流水线的工作流，由一系列流水线阶段(PipelineStages，Transformers 和 Estimators)组成，并以一个特定的顺序运行。

在 Transformer 阶段，在 DataFrame 上调用 transform()方法。

在 Estimator 阶段，调用 fit()方法生成一个 Transformer，并且 Transformer 的 transform()在 DataFrame 被调用。

图 5-10 是流水线的训练时间使用图。

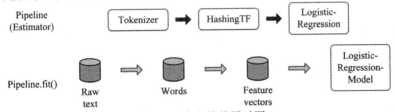

图 5-10　流水线的用时图

图 5-10 中第一行代表流水线的三个阶段。前两个阶段 Tokenizer 和 HashingTF 是 Transformers，第三个阶段 LogisticRegression 是一个 Estimator。

底部行代表流经流水线的数据流，圆柱体指 DataFrame。Pipeline.fit()方法被具有原始文本和标签的原生 DataFrame 调用。Tokenizer.transform()方法将每个文档的文本切分成单词，并在 DataFrame 新增一个单词列。

HashingTF.transform()方法将单词列转换成特征向量，并在 DataFrame 的向量上新增一个列。现在，既然 LogisticRegression 是一个 Estimator，流水线首先调用 LogisticRegression.fit()方法生成一个 LogisticRegressionModel。如果流水线有更多的阶段，在传递 DataFrame 到下一个阶段之前，将会在 DataFrame 上调用 LogisticRegressionModel 的 transform()方法。

流水线是一个 Estimator。因此，在一个流水线的 fit()方法运行之后，会生成一个 PipelineModel，该模型是一个 Transformer。

图 5-11 说明了测试时流水线模型的用法。

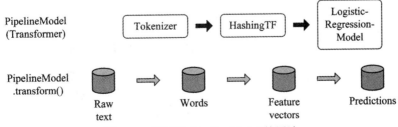

图 5-11　测试时 PipelineModel 的用法

图 5-11 中，PipelineModel 和原始流水线有相同阶段，但是所有原始流水线的 Estimator 都变成 Transformer。当在测试集上 PipelineModel 的 transform()方法会被调用时，数据按顺序在适应的流水线中流转，每个阶段的 transform()方法会更新数据并传递到下一个阶段。

Pipeline 和 Pipeline Model 可以确保训练数据和测试数据经历相同的功能处理步骤。

流水线的阶段由一个有序数组指定，这里给出的示例都是线性流水线，也就是说，流水线的每个阶段都是使用前一阶段产生的数据。支持创建数据流图是有向无环图(Directed Acyclic Graph，DAG)的非线性流水线。DAG 图隐式地指定每个阶段的输入和输出列名称。如果流水线来源于 DAG，那么必须指定阶段拓扑秩序。

由于流水线可以操作多种类型的 DataFrame，不能使用编译时(compile-time)类型检查。Pipeline 和 Pipeline Model 在实际运行 Pipeline 之前，使用 DataFrame 模式(schema)进行类型检查，该模式描述 DataFrame 中列的数据类型。

4) 参数

Spark ML 的 Estimator 和 Transformer 使用统一的 API 指定参数。Param 是一个命名参数，ParamMap 是一组(parameter，value)集。

传递参数给算法以下有两种方式：

(1) 通过实例设置参数。如果 lr 是一个 LogisticRegression 的实例，可以调用 lr.setMaxIter(10)使 lr.fit()最多使用 10 次迭代。

(2) 传递 ParamMap 给 fit()方法或 transform()方法。ParamMap 将覆盖之前通过 setter 方法指定的参数。

参数属于 Estimator 和 Transformer 指定的实例。例如，如果有两个 LogisticRegression 实例 lr1 和 lr2，可以构造一个具有两个 maxIter 参数的 ParamMap：ParamMap(lr1.maxIter→10，lr2.maxIter→20)，这在同一个流水线中两个算法具有 maxIter 参数时非常有用。

5.3 Spark 中几种典型的机器学习算法

Spark 机器学习中有几种具体的典型算法，包括分类与预测、逻辑回归、协同过滤、聚类分析等。

1. 分类与预测

1) 分类

分类是构造一个分类模型，输入样本的属性值，输出对应的类别，将每个样本映射到预先定义好的类别。

分类模型建立在已有类标记的数据集上，模型在已有样本上的准确率可以方便地计算，所以分类属于有监督的学习。图 5-12 展示了标记为 3 个类别的数据。

图 5-12 分类问题

2) 预测

预测是建立两种或两种以上变量间相互依赖的函数模型，然后进行预测或控制。

3) 实现过程

分类和预测的实现过程类似，以分类模型为例，实现过程如图 5-13 所示。

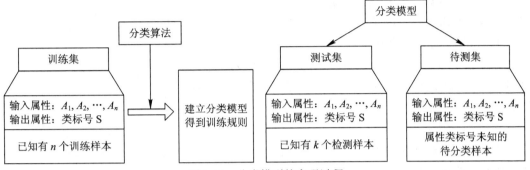

图 5-13　分类模型的实现过程

分类算法的过程有两步：第一步是学习步，通过归纳分析训练样本集来建立分类模型，得到分类规则；第二步是分类步，先用已知的测试样本集评估分类规则的准确率，如果准确率是可以接受的，则使用该模型对未知类标号的待测样本集进行预测。

预测模型的实现也有两步：第一步是通过训练集建立预测属性(数值型的)的函数模型，第二步是在模型通过检验后进行预测或控制。

4) Spark MLlib 中的分类算法

Spark MLlib 支持二分类、多分类。支持二分类的模型有 SVM、逻辑回归、决策树、随机森林、梯度提升树和朴素贝叶斯；支持多分类的模型有逻辑回归、决策树、随机森林和朴素贝叶斯(见图 5-14)。

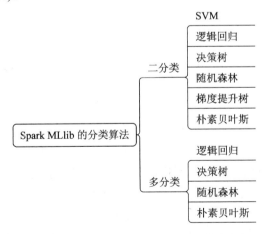

图 5-14　Spark MLlib 中的分类算法

2.　逻辑回归

1) 逻辑回归的概念

逻辑回归(Logistic Regression，LR)是当前业界比较常用的机器学习方法，用于估计某

种事物的可能性。例如，某用户购买某商品的可能性，某病人患有某种疾病的可能性，以及某广告被用户点击的可能性等。逻辑回归是一个学习 f: $X \rightarrow Y$ 方程或者 $P(Y|X)$ 的方法，这里 Y 是离散取值的，$X = \langle X_1, X_2, \cdots, X_n \rangle$ 任意一个向量，其中每个变量离散或者连续取值。

回归是一种易理解的模型，相当于 $y = f(x)$，表明自变量 x 与因变量 y 的关系。逻辑回归模型仅在线性回归的基础上，套用了一个逻辑函数(见图 5-15)，但正是该逻辑函数，使得逻辑回归模型成为机器学习领域一颗耀眼的明星，更是计算广告学的核心。

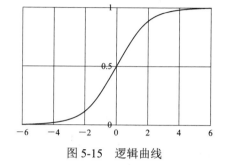

图 5-15 逻辑曲线

2) 逻辑回归的特点

逻辑回归模型的优点在于原理简单，训练速度快，可解释性强，能够支撑大数据，即使在特征达到上亿规模的情况下，也依然保持较好的训练效果和较快的训练速度；逻辑回归的缺点在于无法学习特征之间的组合，在实际使用中需要进行大量的人工特征工程才能对特征进行交叉组合。

3) Spark MLlib 中的逻辑回归算法

Spark MLlib 支持使用两种优化算法求解逻辑回归问题——小批量梯度下降(mini-batch gradient descent)法和改进拟牛顿(L-BFGS)法，它们在 Spark 中的实现分别对应 LogisticRegressionWithSGD 和 LogisticRegressionWithLBFGS。在实际工作中，对于特征比较多的逻辑回归模型，建议使用改进拟牛顿法来加快求解速度。

3. 协同过滤

1) 协同过滤的概念

协同过滤算法是一种基于群体用户或物品的典型推荐算法，也是目前最常用和最经典的推荐算法。协同过滤算法的应用是推荐算法作为可行的机器学习算法正式步入商业应用的标志。

2) 协同过滤算法

协同过滤算法主要有两种：

(1) 通过考察具有相同爱好的用户对相同物品的评分标准进行计算；

(2) 考察具有相同特质的物品从而推荐给选择了某件物品的用户。

① 基于用户的推荐 UserCF。基于用户相似性的推荐，用一个简单的词表述就是"志趣相投"。比如你想去看一部电影，但是不知道这部电影是否符合你的口味，怎么办呢？从网上找介绍和看预告短片固然是一个好办法，但是对于电影能否真实符合你的偏好却不能提供更加详细准确的信息。这时最好的办法可能是：

小王：哥们，我想去看看这部电影，你不是看了吗，怎么样？

小张：不怎么样，陪女朋友去看的，她看得津津有味，我看了一小半就玩手机去了。

小王：那最近有什么好看的电影吗？

小张：你去看《雷霆XX》吧，我看了不错，估计你也喜欢。

小王：好的。

这是一段日常生活中经常发生的对话，也是基于用户的协同过滤算法的基础。小王和小张作为好哥们，他们具有一些相同的爱好，在此基础上相互推荐自己喜爱的东西必然是合乎情理的，被推荐者能够较好地享受到被推荐物品所带来的快乐和满足感。

② 基于物品的推荐 ItemCF。在基于物品的推荐算法中，同样可以使用一个词来形容整个算法的原理——"物以类聚"。例如小张想给他女朋友买个礼物。

小张：情人节快到了，我想给我女朋友买个礼物，但是不知道买什么，上次买了个赛车模型，差点被她骂死。

小王：哦？你也真是的，不买点她喜欢的东西。她平时喜欢什么啊？

小张：她平时比较喜欢看动画片，特别是《机器猫》，没事就看几集。

小王：那我建议你给她买套机器猫的模型套装，绝对能让她喜欢。

小张：好主意，我试试。

对于不熟悉的用户，在缺少特定用户信息的情况下，根据用户已有的偏好数据去推荐一个未知物品是合理的。这就是基于物品的推荐算法。

3) Spark MLlib 中的协同过滤算法

MLlib 中包含交替最小二乘法(Alternating Least Squares，ALS)的实现，这是协同过滤的常用算法，可以很好地扩展到集群上。它位于 mllib.recommendation.ALS 类中。

ALS 会为每个用户和产品都设置特征向量，这样用户向量与产品向量的点积就接近于它们的得分。要使用 ALS 算法，需要有由 mllib.recommendation.Rating 对象组成的 RDD，其中每个 RDD 包含一个用户 id，产品 id 和评分。

 【小贴士】

以基于用户推荐为例，用户的基本信息包括用户名称、年龄、性别，在协同过滤模型中，我们会计算用户的相似度(见图 5-16)。从图 5-16 中可以看出，用户 A 和用户 C 均为 30 岁左右的女性，于是系统认为用户 A 和用户 C 是相似用户，在推荐引擎中称为"邻居"。协同过滤模型会基于"邻居"用户群的喜好给当前用户推荐一些物品，例如将用户 A 喜欢的物品 A(香水)推荐给用户 C。

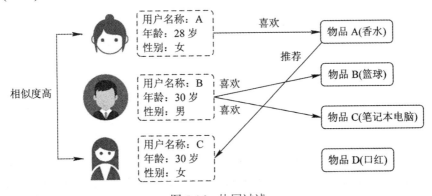

图 5-16 协同过滤

在实际应用中，基于用户的和基于物品的推荐算法均是最常用的协同过滤推荐算法，但是在某些场合下仍然具有不足之处。在实际运用中，采用单一召回策略的推荐结果会非常粗糙。

基于用户的推荐算法针对某些热点物品的处理不够准确，一些常用的物品推荐计算结果往往排在推荐的首位，而这样的推荐却没有实际应用意义。基于用户的推荐算法往往数据量庞大，计算费事，热点存在的准确度也存在问题。

基于物品的推荐算法相对于基于用户的推荐算法数据量小很多，可以较为容易地生成推荐值，但是存在推荐同样(同类型)物品的问题。例如，用户购买了某件商品，那么推荐系统可能会继续推荐相同类型的商品给用户，用户在购买一件商品后绝对不会再购买同类型的商品，这样的推荐完全是失败的。

总体来说，基于协同过滤的召回即建立用户和内容间的行为矩阵，依据"相似性"进行分发。这种方式准确率较高但存在一定程度的冷启动问题。在产品刚刚上线、新用户到来的时候，如果没有用户在应用上的行为数据就无法预测其兴趣爱好。另外，当新商品上架时也会遇到冷启动的问题，没有收集到任何一个用户对其浏览、点击或者购买的行为，也无从对商品进行推荐。

4. 聚类分析

1) 聚类的概念

与分类不同，聚类分析是在没有给定划分类别的情况下，根据数据相似度进行样本分组的一种方法。与分类模型需要使用有类标记样本构成的训练数据不同，聚类模型可以建立在无类标记的数据上，是一种非监督的学习算法。聚类的输入是一组未被标记的样本，聚类根据数据自身的距离或相似度将它们划分为若干组，划分的原则是组内样本最小化而组间(外部)距离最大化(见图 5-17)。

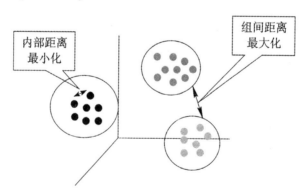

图 5-17　聚类分析建模原理

2) 聚类分析算法

聚类分析算法包括 K-均值(K-means)算法、高斯混合模型(Gaussian Mixture Model，GMM)、幂迭代聚类(Power Iteration Clustering，PIC)、隐狄利克雷分配(Latent Dirichlet Allocation，LDA)模型(见图 5-18)。

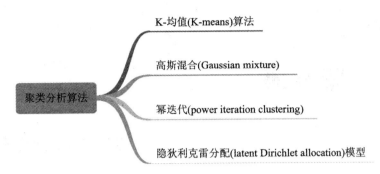

图 5-18　聚类分析算法

K-means 是迭代求解的聚类算法，其属于划分(Partitioning)型的聚类方法，即首先创建 K 个划分，然后迭代地将样本从一个划分转移到另一个划分来改善最终聚类的质量。

K-means 无法将两个均值相同(聚类中心点相同)的类进行聚类，而高斯混合模型就是为了解决这一缺点而提出的。GMM 通过选择成分最大化后验概率来完成聚类，各数据点的后验概率表示属于各类的可能性，而不是判定它完全属于某个类，所以称为软聚类。GMM 在各类尺寸不同、聚类间有相关关系的时候可能比 K-means 聚类更合适。

对于图的顶点聚类(顶点相似度作为边的属性)问题，幂迭代聚类是高效并且易扩展的算法。

隐狄利克雷分配是主题模型，它能够推理出文本文档集合的主体。隐狄利克雷分配可以认为是一个聚类算法，主题对应聚类中心，文档对应数据集中的样本(数据行)，主题和文档都在一个特征空间中，其特征向量是词频向量。与使用传统的距离来评估聚类不一样的是，隐狄利克雷分配使用的评估方式是一个函数，该函数基于文档如何生成的统计模型。

3) Spark MLlib 中的聚类算法

Spark 的 MLlib 库提供了许多可用的聚类方法的实现，如 K-means、高斯混合模型、幂迭代聚类、隐狄利克雷分布以及 K-means 方法的变种二分 K-means(Bisecting K-means)和流式 K-means(Streaming K-means)等。

❤ 课 后 思 考

1. 简述数据挖掘的操作步骤。
2. 试分析 Spark MLlib 的特点。
3. 试分析 Spark MLlib 的架构。

第6章

大数据分析系统

如何探究数据的本质？基于大数据的统计分析、机器学习、数据挖掘都是探寻之旅必不可少的环节。针对大数据分析而言，数据存储、数据采集、数据清洗、统计分析是必不可少的部分。本章主要介绍基于智能终端日志，如何构建大数据分析系统并给出了相应的代码实现。

学 习 目 标

- 熟悉如何构建大数据分析系统。
- 能够对应用架构进行陈述讲解。
- 掌握简单的代码实现路径。

思 政 目 标

聚焦于大数据技术在各领域及行业部门的应用，旨在培养具有全球视野、接受通识教育、能适应大数据和人工智能时代发展需求的高端人才。

6.1 大数据分析系统的背景与构架

1. 大数据分析系统的背景

随着智能终端设备的普及，越来越多的移动 App 涌现出来。下面以移动设备上的"**助手"的日志为例进行介绍，重点解决多智能终端经过后台服务进行数据采集，以及对采集数据进行分析的过程(见图 6-1)。

图 6-1 数据交互流程图

用户首先通过终端设备进行交互，所有用户的请求发送给后台服务，后台服务要完成用户问题的分析和应答，然后系统通过 Push 方式将日志存入数据采集系统中，供后续进行分析。

数据分析主要包括以下几方面：

(1) 流量、性能的实时分析：分析每个 App，每个业务的流量情况；分析每个业务调用的性能情况。该分析需要实时，目标是能在秒级完成数据分析。

(2) 流量、性能的每日统计：这里的统计是以天为维度的，需要进行批处理统计。

(3) 业务的相关性分析：经典的推荐算法，如协同过滤，经常需要分析 Item 之间的相关性，实现一个简单"Item-to-Item"算法。根据用户的行为，计算和它相关的 topK 个业务。

知 识 链 接

数 据 格 式

在日志大数据分析业务场景下，可以采取各种数据格式(TXT、XML、JSON 等)。基于 JSON 便于压缩和传输、方便转换、用户基数大等优点，假定日志格式是 JSON 字符串，示例如下：

```
{
    "appid": "productname",          // 表示应用的 ID 信息
    "service": "servicename",        // 表示返回的业务名称
    "area": "areaname",              // 表示客户端省份名称
    "uid": "862593025605982",        // 表示用户 ID，用于标示每个终端用户
    "dateTime": "2015-03-19 00：00：00",   // 表示请求发起的时间，精确到秒
    "requestTime": 57                // 表示本次请求耗费的时间，单位是毫秒
}
```

2. 应用架构

大数据分析系统的总体架构如图 6-2 所示。最上层是业务系统，指的是具体的业务，在这里是指"**助手后台服务"，业务系统将日志通过 Push 方式发送给数据收集系统，数据收集系统将日志保存在磁盘上，并对外提供拉取服务。

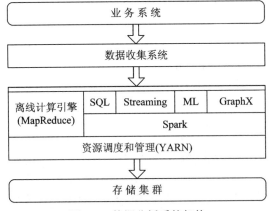

图 6-2　数据分析系统架构

数据收集系统采用开源系统 Kafka 搭建，Kafka 是一种高吞吐量的分布式发布订阅系统，具有分区、多副本的功能，常可用于日志和消息服务，其架构如图 6-3 所示。

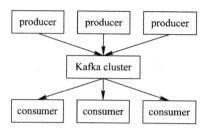

图 6-3　Kafka 系统架构

Hadoop 集群主要用于保存用户的日志，通过 Pull 方式可将用户日志从数据收集系统读取出来，保存在 HDFS 上，供后续分析使用。数据收集系统一方面对数据收集和计算框架进行梳理，保证数据收集服务稳定，另一方面对推荐系统等服务进行支持。离线计算引擎 MapReduce 主要用来进行离线计算，完成报表分析。Spark 集群主要是一个计算框架，完成实时、批量计算，其输入可以是数据收集系统，也可以是 HDFS。

6.2　业务实现与统计分析

基于业务说明，对流量和数据进行实时分析与统计分析，分析业务关联情况并生成离线报表。

1.　流量、性能的实时分析

流量分析：统计每个应用(appid)下各个业务的流量情况，实时流量分析具有多种用途，例如可以根据流量情况进行业务预警等。

性能分析：分析每个业务的访问性能，包括最大响应时间、最小响应时间、平均响应时间等。

日志收集采用了 Kafka，实时处理采用 SparkSQL+Streaming 的方式进行处理，在实时处理和分析中采用 DStream 的方式进行分析。

基于代码的分析情况如下：

1) 创建业务处理对象，进行业务逻辑处理

创建业务处理对象，通过 jsonRDD 读取 JSON 数据，并将数据转化为 RDD，之后将 RDD 注册成内存表 SparkDemo_Table，直接在 SparkDemo_Table 中通过 SQL 操作实现流量统计和性能统计，示例代码如下：

```
object SparkDemo {
    val logger = Logger.getLogger("SparkDemo")
    // 业务逻辑处理
    def processLines(sqlContext: SQLContext, elem: RDD[String]): Unit = {
        if (! elem.isEmpty()) {
```

```
val sqlRDD = sqlContext.jsonRDD(elem)
sqlRDD.printSchema()
sqlRDD.registerTempTable("SparkDemo_Table")
// 业务流量统计
val req = sqlContext.sql("select appid, service, count(0) from SparkDemo_Table
group by appid, service").collect()
for (row <- req) {
    val appid = row.getString(0)
    val service = row.getString(1)
    val count = row.getLong(2)
    printf(" (%s, %s) -> %d\n", appid, service, count)
}
// 性能统计
valperf = sqlContext.sql("select service, min(requestTime), max(requestTime),
avg(requestTime) from SparkDemo_2_Table group by service").collect()
for (row <- perf) {
    val service = row.getString(0)
    val max = row.getLong(1)
    val min = row.getLong(2)
    val avg = row.getDouble(3)
    printf("%s -> (%d, %d, %f)\n", service, max, min, avg)
    }
} else {
    printf("elem is empty. ")
}
}
```

2) 通过 StreamingContext 实时采集数据

创建变量 sparkConf，根据 sparkConf 初始化 StreamingContext，创建实例 ssc。每间隔 10 s 执行一次，并且初始化 SQLContext。

```
def main(args：Array[String])：Unit = {
    valsparkConf = new SparkConf().setAppName("SparkDemo")
    // 初始化 StreamingContext
    val ssc = new StreamingContext(sparkConf, Seconds(10))
    ssc.checkpoint("checkpoint/SparkDemo")
    // 初始化 SQLContext
    val sc = ssc.sparkContext
    val sqlContext = new SQLContext(sc)
    // 设置 Kafka 的 topic 信息，后续补充
```

```
        ssc.start()
        ssc.awaitTermination()
    }
```

3）通过 KafkaUtils 实时处理 topic 信息

设置 Kafka 的 topic 信息，取出数据后对数据进行分词；根据 KafkaUtils 工具 createStream 配置 Kafka 的参数信息 kafkaParams。

```
// topic 信息, 这里使用了 Kafka, 假定 topic 是 demolog
val topic = "demolog"
val topicMap = topic.split(",").map((_, 1)).toMap
// 配置 Kafka 的参数信息
val kafkaParams = Map(
                    "zookeeper.connect" ->"*.*.*.*: 2181,*.*.*.*: 2181,*.*.*.*: 2181/kafka-test",
                    "auto.offset.reset" ->"smallest", // "largest",
                    "auto.commit.enable" ->"true",
                    "auto.commit.interval.ms" ->"30000",
                    "zookeeper.connection.timeout.ms" ->"10000",
                    "group.id" ->"sparkdemo",
                    "fetch.message.max.bytes" ->"10485760",
                    "fetch.size" ->"4096000"
)
val lines = KafkaUtils.createStream[String, String, StringDecoder, StringDecoder](ssc,
            kafkaParams, topicMap, StorageLevel.MEMORY_AND_DISK).map(_._2)
            println("start to run [SparkDemo]…")
// 业务逻辑处理 DStream 数据流
lines.foreachRDD(x =>processLines(sqlContext, x))
```

2. 流量、性能的统计分析

根据日志对流量和性能的实时统计来进行分析，代码示例如下：

1）创建业务处理 case 类 Message

创建业务处理对象，定义 case 类 Message 的 appid、service、uid、dateTime、requestTime 字段，解析 JSON 的结果，按照 Message 格式进行提取(extract)，可直接进行调用。

```
object SparkDemo_2 {
    val logger = Logger.getLogger("SparkDemo_2")
    case class Message(appid: String, service: String, uid: String, dateTime: String, requestTime: Long)
    // 解析 JSON 的结果
    def parseJson(msg: String): (String, String, String, String, Long) = {
    implicit val formats = DefaultFormats
```

```
valjsonObj = parse(msg).extract[Message]
(jsonObj.appid, jsonObj.service, jsonObj.uid, jsonObj.dateTime, jsonObj.requestTime)
}
}
```

2) 批量数据分析

读取 demo 文件，创建 SparkRDD，进行流量和性能分析。

```
def main(args：Array[String])：Unit = {
    val sparkConf = new SparkConf().setAppName("SparkDemo_2")
    // 初始化 SQLContext
    val sc = new SparkContext(sparkConf)
    println("start to run [SparkDemo_2]…")
    // $Hdfs_demofile_path demo 文件存放地址
    val sampleRDD = sc.textFile("$Hdfs_demofile_path/request_sample.txt")
    val parseRDD = sampleRDD.map(x =>parseJson(x)).persist()
    // 批量数据的分析, 分析流量情况
    parseRDD.map(x => ((x._1, x._2), 1)).reduceByKey((x, y) => x + y).foreach(x => {printf(" (%s,
%s) -> %d\n", x._1._1, x._1._2, x._2)})
    // 批量数据的分析，分析性能情况
    parseRDD.map(x => (x._2, (x._5, x._5, x._5, 1))).reduceByKey((x, y) => (max(x._1, y._1),
min(x._2, y._2), x._3 + y._3, x._4 + y._4)).foreach(x => {
        printf("%s -> (%d, %d, %f)\n", x._1, x._2._1, x._2._2,   x._2._3 / x._2._4.toDouble)
    })
    sc.stop()
}
```

【小贴士】

　　基于大数据分析系统的 Streaming 计算、SQL 计算、批处理，从离线数据分析和准实时数据处理的角度，解析如何处理企业实时数据分析、业务统计分析、业务关联分析，以及在 Spark 一栈式解决平台下，离线数据统计依然很有用处。

　　Spark 的 RDD 的快速迭代和内存数据读取是以内存为代价的，如果内存资源比较紧张，在离线报表计算上就不能体现出更多的优势，所以未来将是 MapReduce 与 Spark 互相竞争和配合的时代。

3.　业务关联分析

　　经过上述实时分析和统计分析后，下面分析每个业务的相关业务，分析是基于用户的行为，如用户同时访问了业务 A 和 B，可认为 A 和 B 之间具有一定的相关性。

1) 创建业务处理 case 类 Message

创建业务处理对象，定义 case 类 Message 的 appid、service、uid、dateTime、requestTime 字段，解析 JSON 的结果，按照 Message 格式进行 extract，输出 (uid，service，1)，示例代码如下：

```
object SparkDemo_3 {
    val logger = Logger.getLogger("SparkDemo_3")
    case class Message(appid: String, service: String, uid: String, dateTime:
    String, requestTime: Long)
    // 解析 JSON 的结果
    defparseJson(msg: String): (String, String, Long) = {
    implicit val formats = DefaultFormats
    val jsonObj = parse(msg).extract[Message]
        (jsonObj.uid, jsonObj.service, 1)
    }
}
```

2) 求相关性

基于用户的行为求相关性，共分为 4 步：

(1) 计算得到 RDD，key-value 对的 RDD 为：R1:(item→(user，rating)) 和 R2:(item→sqrt(ratings))；

(2) 对 R1 和 R2 进行 join，得到 R3:(item→((user，rating)，sqrt(ratings)))，进一步计算得到 R4:(user→(item，rating/sqrt(ratings)))，这样即可得到每个用户评价过的 Item 及规整过的 rating 信息；

(3) 计算 Item 之间的相关性：R4 与自身做 join，最终计算出 R5:((item，item)，score)；

(4) 汇总 Item 与其他 Item 的相关性：R5 与自身做 join，最终得到 R6:(item1，(item2，score))，示例代码如下：

```
def main(args: Array[String]): Unit = {
    valsparkConf = new SparkConf().setAppName("SparkDemo_3")
    // 初始化 SQLContext
    val sc = new SparkContext(sparkConf)
    println("start to run [SparkDemo_3]…")
    val topK = 2 // compute the topK
    valuser_item = sc.textFile("$Hdfs_demofile_path/request_sample.txt").map(x=>
    =>parseJson(x)).distinct().persist()
    // 第一步：计算得到 item -> (user, rating) 和 item ->sqrt(ratings)
    val item_pow_sqrt = user_item.map(x => (x._2,pow(x._3.toDouble,2.0)).
    reduceByKey((a, b) => a + b).mapValues(x =>sqrt(x))
    val item_user = user_item.map(x =>
    (x._2, (x._1, x._3.toDouble))).partitionBy(new HashPartitioner(20))
```

```
    // 第二步：计算得到 item -> ((user, rating), sqrt(ratings)),进一步得到 user->
    // (item, rating/sqrt(ratings))
        val item_user_sqrt = item_user.join(item_pow_sqrt).map(x => {
        val item = x._1
        val sqrt_ratings = x._2._2
        val user = x._2._1._1
        val rating = x._2._1._2
          (user, (item, rating / sqrt_ratings))
    })
    // 第三步：计算 item 之间的相关性，这个相关性是在某个用户维度上产生
        val item_item = item_user_sqrt.join(item_user_sqrt).map(x => {
        val item1 = x._2._1._1
        val rating1 = x._2._1._2
        val item2 = x._2._2._1
        val rating2 = x._2._2._2
        val score = rating1 * rating2
        if (item1 == item2) {
            ((item1, item2), -1.0)
        } else {
            ((item1, item2), score)
        }
    })
    // 第四步：根据((item1, item2), score) 与自身做 join 及一系列运算，得到 item1, (item2, score)
    item_item.reduceByKey((a, b) => (a + b)).map(x => (x._1._1, (x._1._2, x._2))).
    groupByKey().foreach(x => {
        val sourceItem = x._1
        val topItems = x._2.toList.sortWith(_._2 > _._2).take(topK)
        var buffer: String = ""
        buffer += ("sourceItem: " + sourceItem + "=>")
        for (item <- topItems; if item._2 >0) {
            buffer += ("\t(" + item._1 + ", " + item._2 + ")")
        }
        println(buffer)
    })
    sc.stop()
}
```

4.　离线报表分析

由于日志每时每刻都在生成，统计每日报表时需要等到该日所有数据收集完毕，这时

将会出现所有的日粒度报表在同一时间启动，导致集群任务阻塞严重，而在其他时间段集群任务较少，最终导致任务分布不均，日粒度报表运行过慢。进一步来说，在 MapReduce 框架中，如果 key 设计不合理会导致 Shuffle 后数据倾斜严重，一方面报表运行耗时更长，另一方面数据的不均衡容易导致单点故障。

为了解决上述问题，离线报表分析的核心思想是把报表输入数据进行切分，并对切分的小块数据进行分析生成较小的中间数据，中间数据进行汇总分析后生成整体数据的报表，以达到集群资源利用更合理、报表数据展示更及时的目标。

1) 离线报表步骤

离线报表步骤分为报表设计、报表中间数据、粗粒度报表生成和报表数据入库四大步骤，过程中涉及前三步 MapReduce 操作，详细描述如下：

第一步：报表设计。

报表设计中区分维度和指标，维度用来描述数据的分类组织层次结构，如应用名称、省份；指标包括 PV 指标和 UV 指标，如点击量和用户数。

第二步：报表中间数据生成。

(1) 将日志数据切分成若干个相对较小的切片。

(2) 启动第一步 MapReduce 任务，读取第一份切片数据。

(3) 在 Map 阶段按照算法规则将每条日志生成对应的维度和 PV 指标，将维度作为 key，PV 指标作为 value 写出数据。其中，每遇到一个 UV 指标另外单独生成一行数据，将维度和 UV 指标标识组合作为 key，该 UV 指标值作为 value 写出数据。

(4) Combine 阶段按照相同的 key 进行合并，相同指标进行累加。

(5) Reduce 阶段按照相同的 key 合并，相同指标进行累加。

(6) 将 Reduce 阶段的数据写入分布式文件系统，该文件称为报表中间数据。

重复以上步骤，分别处理剩下的切片数据，直到每个切片数据的中间数据生成。

第三步：粗粒度报表生成。

粗粒度报表生成可分两步 MapReduce 执行：

(1) MapReduce 读取所有报表中间数据，按照相同的 key 进行合并后写出，作为下一步骤的输入。

(2) MapReduce 的 Map 阶段，遇到 PV 指标直接写出，遇到 UV 指标进行去 UV 化，即去除 key 中的 UV 指标标识字段，同时将对应的指标置 1 后写出。

在 Reduce 阶段按照相同的 key 进行合并，PV、UV 指标分别进行累加，同时将生成的数据导入数据库，供查询报表统计数据。

将第三步生成的数据导入数据库，即可方便快捷地查询报表统计数据。执行流程如图 6-4 所示。

在执行过程中，中间数据 $i(1 \leqslant i \leqslant n)$ 既可以直接从第三步中的(2)开始执行生成该粒度的报表数据，同时，也可以与其他中间数据合并生成更大粒度报表的中间数据，即可以读取小时粒度报表的中间数据生成日粒度报表的中间数据和最终报表数据，读取日粒度报表的中间数据生成周和月粒度报表的中间数据及最终报表数据，读取月粒度报表的中间数据生成年粒度报表的中间数据及最终报表数据等，这样做极大地提高了大粒度报表数据的执行速度，同时集群负载更加合理。

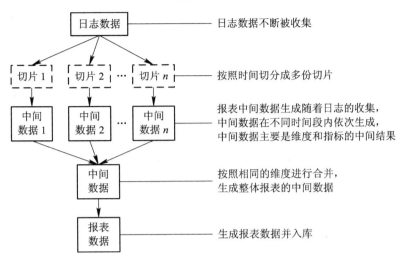

图 6-4　报表执行流程图

2) 业务举例说明

某平台业务原始日志中包含应用(appid)、地域(area)、用户标识(uid)等字段，现在需要统计每天每个应用在不同地域的使用次数(use_times)和使用用户数(users)，下面以某一天的统计方式为例，说明报表分析过程。

(1) 报表设计。报表的维度为 appid、area，指标包括 use_times、users，其中 use_times 为 PV 指标，users 为 UV 指标。

(2) 报表中间数据生成。为了方便说明，这里将一天的日志切分成两个切片，即前 12 小时和后 12 小时，前 12 小时日志数据如图 6-5 所示。

appid	area	uid	其他字段
100IME	安徽	a1234	…
100IME	安徽	a1234	…
100IME	安徽	a4321	…
5285e334	安徽	a2345	…
5285e334	北京	a2345	…

图 6-5　前 12 小时日志数据

后 12 小时日志数据如图 6-6 所示。

appid	area	uid	其他字段
100IME	安徽	a6789	…
100IME	安徽	a6789	…
100IME	安徽	a4321	…
5285e334	北京	a2345	…

图 6-6　后 12 小时日志数据

启动第一步 MapReduce 任务，读取当天前 12 小时数据。Map 阶段生成的数据如图 6-7 所示，其中行数据中空值表示该行数据无该列属性，前三列作为 key，后两列作为 value 写出，这里的 uid 为 UV 指标标识。

appid	area	uid	use_times	users
100IME	安徽		1	
100IME	安徽		1	
100IME	安徽		1	
5285e334	安徽		1	
5285e334	北京		1	
100IME	安徽	a1234		1
100IME	安徽	a1234		1
100IME	安徽	a4321		1
5285e334	安徽	a2345		1
5285e334	北京	a2345		1

图 6-7　Map 阶段生成的数据

Reduce 阶段对相同 key 值的 value 数据进行合并，结果如图 6-8 所示。

appid	area	uid	use_times	users
100IME	安徽		3	
5285e334	安徽		1	
5285e334	北京		1	
100IME	安徽	a1234		2
100IME	安徽	a4321		1
5285e334	安徽	a2345		1
5285e334	北京	a2345		1

图 6-8　Reduce 阶段生成的数据

图 6-8 中的数据即为报表中间数据，写入分布式文件系统中。

按照以上相同的步骤，执行该天后 12 小时数据生成的中间数据如图 6-9 所示。

appid	area	uid	use_times	users
100IME	安徽		3	
5285e334	北京		1	
100IME	安徽	a6789		2
100IME	安徽	a4321		1
5285e334	北京	a2345		1

图 6-9　执行该天后 12 小时数据生成的中间数据

(3) 报表生成。

① MapReduce 读取该天前 12 小时和后 12 小时的中间数据，按照相同的 key 进行合并，结果如图 6-10 所示。

appid	area	uid	use_times	users
100IME	安徽		6	
5285e334	安徽		1	
5285e334	北京		2	
100IME	安徽	a1234		2
100IME	安徽	a4321		2
5285e334	安徽	a2345		1
5285e334	北京	a2345		2
100IME	安徽	a6789		2

图 6-10　按照相同的 key 进行合并生成的数据

② 对 MapReduce 的 Map 阶段进行去 UV 化，结果如图 6-11 所示。

appid	area	use_times	users
100IME	安徽	6	
5285e334	安徽	1	
5285e334	北京	2	
100IME	安徽		1
100IME	安徽		1
5285e334	安徽		1
5285e334	北京		1
100IME	安徽		1

图 6-11　对 Map 阶段进行去 UV 化的数据

Reduce 阶段，进行 key 的合并和 PV、UV 合并成一行操作，结果如图 6-12 所示。

appid	area	use_times	users
100IME	安徽	6	3
5285e334	安徽	1	1
5285e334	北京	2	1

图 6-12　key 的合并和 PV、UV 合并

图 6-12 中的数据即为该天的最终报表数据，在入库时添加时间维度，即可方便快捷地查询不同天的具体应用和地域的使用次数以及使用用户数。

6.3　系统资源分析平台

随着大数据时代的来临以及 Hadoop 和 Spark 的兴起，Hadoop 和 Spark 联合构成了当今大数据世界的基石和核心，这种变化趋势的结果是由 Hadoop 的 HDFS 负责数据的存储和资源管理，由 Spark 负责一体化的不同规模的数据计算。

大数据在企业精细运营方面发挥了巨大的作用，作为底层服务支撑的运维，需要掌握大数据生态圈中的关键技术点，包括 Hadoop、Hive、HBase、Spark、Storm 等平台的日常运营，需要解决包括资源调度、数据接入、快速扩容、节点故障处理、高可用、数据存储生命周期管理等问题，这给大数据运维人员提出了更高的要求，同时也给运维工作带来了新的机遇。

1.　应用架构

下面通过对业务背景进行分析，对总体架构进行设计，重点说明各模块的具体设计。

1) 总体架构

系统资源查询平台总体主要为三部分，分别为 Kafka 集群、数据采集模块和数据展示模块，具体包括数据源层、传输层、存储层、处理层和数据表现层。

数据源层主要负责数据的采集，传输层主要负责数据的消息队列，存储层主要进行消息队列的存储，处理层主要对存储的数据进行深入的处理分析，数据表现层主要提供信息展示以更好地查询系统信息，总体框架如图 6-13 所示。

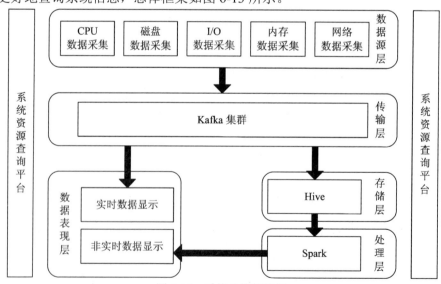

图 6-13　系统总体架构图

系统采用 Kafka 集群消息作为系统的传输层，Hive 作为数据的存储层，处理层采用 Spark 对数据进行分析。

2) 模块架构

基于总体系统架构，以下重点说明作为传输层的 Kafka 消息队列、数据源层的数据采集和用户层的数据表现。

(1) Kafka 集群。Kafka 是 LinkedIn 开发并开源出来的一个高吞吐的,基于发布/订阅的分布式消息系统,如图 6-14 所示,利用 Kafka 搭建了一套分布式消息处理系统。

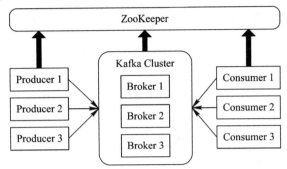

图 6-14 Kafka 分布式系统架构

Kafka 集群主要包括的组件有:话题(Topic)指特定类型的消息流,消息指字节的有效负载(Payload),话题是消息的分类名;生产者(Producer)指能够发布消息到话题的对象;已发布的消息保存在一组被称为代理(Broker)的集群中;消费者(Consumer)可以订阅一个或多个话题,并从 Broker 获取数据,从而消费这些已发布的消息。

Kafka 分布式系统架构使用 ZooKeeper 完成系统协调,ZooKeeper 用于管理、协调 Kafka 代理。每个 Kafka 代理都通过 ZooKeeper 协调其他的 Kafka 代理。当 Kafka 系统中新增了代理或者某个代理故障失效时,ZooKeeper 将通知生产者和消费者。生产者和消费者据此开始与其他代理协调工作。

(2) 数据采集层。数据采集在 Producer 端集成 KAFKA_HOME/libs 目录下的 Kafka 基础 jar 包,然后定期发送特定话题的数据。收集的服务器、磁盘存储、磁盘 I/O、CPU 以及内存使用情况的信息以及相关指标会发送给 Kafka 集群。

(3) 数据表现层。数据表现层主要采用 PlayFramwork 框架(全栈的 Java Web 应用框架),基于 Play Framwork 使用 Bootstrap 框架展示数据采集层数据的展示。由于数据采集层的数据源自两个部分,因此在展示部分,一部分采用 Spark Hive 对数据查询方式进行非实时数据的显示,一部分采用消费 Kafka 消息的方式进行实时数据的显示。

2. 代码实现

下面主要从 Kafka 集群、数据采集、离线数据处理、数据表现等方面进行实现说明。

1) Kafka 集群

(1) Kafka。Kafka 对消息保存时根据话题进行归类,通过生产者发送消息,通过消费者订阅消息并处理发布的消息。

如果需要启动多个 Broker 实例,则需准备多个 server.properties 文件。

(2) Kafka Producer。Kafka 的 Producer 也是采用执行进程的方式收集数据,再把收集到的数据作为 Producer 发送到相应的话题中,如 NET 的数据发送到 NETtopic 中。

(3) Kafka Consumer。在实时数据显示模块,显示最近 1 个小时的数据。首先,找到话题的分区,然后找到负责该分区的 brokerleader,从而找到存有该分区副本的那个 Broker,

然后请求并获取数据。非实时数据采用一直运行 Consumer 的方式，持续地收集相应话题的数据，对数据进行格式化并存储到 Hive 中。

2）数据采集

数据采集通过开启进程定时执行脚本，从而收集服务器的信息。

示例代码部分如下：

```
# ./cpuCheck.sh   localhost
# * 2.5%us,0.8%sy,96.1%id,0.0%wa,
# 收集信息
# @paramserver_id
publicbooleanparseResultInsert(long server_id){
    resultList = this.getMonitorResult();
    cpus = new ArrayList<CpuInfo>();
    String[] str;
    CpuInfocpu;
    try{
        for(String result：resultList){
            str = result.split("[\\s]+");
            cpu = new CpuInfo(server_id, new Date(), new Date(), str[0], str[1], str[2],
            str[3], getPeriod());
            cpus.add(cpu);
        }
    }catch(Exception e){}}
    returnSmanageFactory.insertToCpuInfo(cpus);
}
```

3）离线数据处理

离线数据处理可以从 Hive 中获取所有时间点的详细信息，使用 Spark 对数据进行分析，主要包括以下几部分：

(1) 一天中各参数的压力情况；

(2) 一周中各参数的压力情况；

(3) 某一台服务器各参数的对比情况。

以一天中 I/O 的压力情况为例，从 Hive 中读取这一天中 I/O 的所有数据，把每 15 分钟的数据作为一个处理节点求其平均值，并进行存储。

4）数据表现

数据表现主要包括实时数据和非实时数据和 Hive 存储数据的表现。

(1) 实时数据表现。实时数据的消费是通过 Kafka 的 Consumer 收集数据传递给前台的。

(2) 非实时数据表现。采用 play 框架显示数据信息和服务器信息，从 Hive 中读取非实时的数据，并提供相应的查询。

(3) Hive 存储表现。Hive 作为数据的存储层，使用 MySQL 作为元数据保存的数据库，需要复制 mysql-connector-java-*.*.*-bin.jar 到$HIVE_HOME\lib 的目录下，修改配置文件 hive-site.xml，主要配置如下：

```
<property>
  <name>javax.jdo.option.ConnectionURL</name>
  <value>jdbc：mysql：// *.*.*.*：3306/ganglia_hive？createDatabaseIfNotExist=true</value>
  <description>JDBC connect string for a JDBC metastore</description>
  </property>
  <property>
  <name>javax.jdo.option.ConnectionDriverName</name>
  <value>com.mysql.jdbc.Driver</value>
  <description>Driver class name for a JDBC metastore</description>
  </property>
  <property>
  <name>javax.jdo.option.ConnectionUserName</name>
  <value>smanager</value>
  <description>Username to use against metastore database</description>
  </property>
  <property>
  <name>javax.jdo.option.ConnectionPassword</name>
 <value>smanager123</value>
  <description>password to use against metastore database</description>
  </property>
```

3. 结果验证

1) Kafka 发送的数据

Kafka 发送的是网络数据，运行 KafkaObjectSender 打印的数据即为发送的数据。部分数据如下：

```
mange01net2015-02-14 12: 23: 261505KBps
mange01net2015-02-14 12: 23: 311629KBps
mange01net2015-02-14 12: 23: 361507KBps
mange01net2015-02-14 12: 23: 411899KBps
mange01net2015-02-14 12: 23: 461505KBps
```

2) Kafka 接收的数据

在接收到数据后，对数据进行预处理，转换成 JSON 格式的数据。

```
[{
    "time"："2015-02-14 11: 41: 15",
    "value"："2351"
```

```
    },
    {
        "time": "2015-02-14 11: 41: 20",
        "value": "1805"
    }]
```

3) 实时数据的展示

可以通过页面查看当前时间最近一个小时各参数(I/O、磁盘、CPU、网络、内存)的数据折线图，并且可以方便地查找各参数每个时间点的数据。集群一段时间硬件资源的使用情况可以使用图 6-15 的雷达图表示。此界面充分地展示了 mange01 服务器最近一周硬件资源的使用情况。

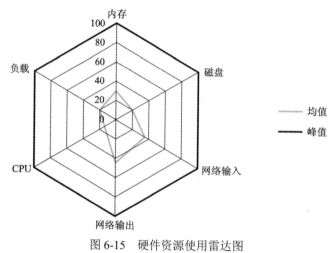

图 6-15　硬件资源使用雷达图

6.4　在 Spark 上训练 LR 模型

Spark 是基于 MapReduce 算法实现的分布式计算，它拥有 Hadoop MapReduce 所具有的优点。但不同于 MapReduce 的是，Job 中间输出和结果可以保存在内存中，不再需要读写 HDFS，因此 Spark 能更好地适用于数据挖掘与机器学习等需要迭代的 MapReduce 算法。

1.　数据格式

Spark 的 LR 模型训练数据的格式为 LIBSVM 数据格式：

Label 1：value 2：value ….

Label 是类别的标识，在广告曝光数据中用 0 和 1 表示是否点击。

value 是要训练的数据，从分类的角度来说就是特征值，数据之间用空格隔开。在广告曝光数据中用 0 和 1 表示是否拥有该特征。

Spark 读入 LIBSVM 数据后，以 LabeledPoint 变量形式存储在 RDD 中：

```
import org.apache.spark.mllib.linalg.Vectors
import org.apache.spark.mllib.regression.LabeledPoint
```

```
// 创建一个带有正例标签和稠密特征向量的 LabledPoint
val pos = LabeledPoint(1.0, Vectors.dense(1.0, 0.0, 3.0))
// 创建一个带有负例标签和稀疏特征向量的 LabledPoint
val neg = LabeledPoint(0.0, Vectors.sparse(3, Array(0, 2), Array(1.0, 3.0)))
import org.apache.spark.mllib.util.MLUtils
// 加载和解析数据文件，并缓存数据
val data = MLUtils.loadLibSVMFile(sc, "data/mllib/sample_libsvm_data.txt").cache()
```

2.　MLlib 中 LR 模型源码介绍

Spark 的 MLlib 中的逻辑回归源码主要包含三个部分：

(1) classfication：逻辑回归分类器；

(2) optimization：优化方法，包含随机梯度、LBFGS 两种算法；

(3) evaluation：算法效果评估计算。

LR 源码结构如图 6-16 所示。

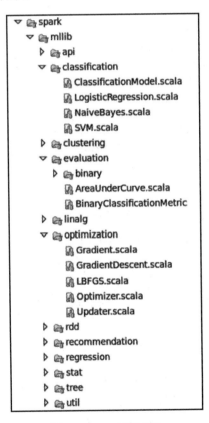

图 6-16　LR 源码结构

1) 逻辑回归分类器

Spark 的 MLlib 机器学习库中的 LR 模型主要使用了以下三个类对训练数据进行分类并训练得到 LR 模型。

(1) LogisticRegressionModel 类。

① 根据训练数据集得到的 weights 预测新数据点的分类。

② 预测新数据分类。

逻辑回归模型采用公式 $\dfrac{1}{1+e^{-(wX+a)}}$ 进行预测。其中，w 为权重向量 weightMatrix，X 表示预测数据 dataMatrix，a 表示 intercept，intercept 默认为 0.0。

threshold 变量用来控制分类的阈值，默认为 0.5。如果预测值小于 threshold，则分类为 0.0，否则为 1.0。

如果 threshold 设置为空，将会输出实际值。

(2) Logistic Regression With SGD 类。此类主要接收外部数据集、算法参数等输入，采用随机梯度下降(Stochastic Gradient Descent，SGD)的方法训练得到逻辑回归模型。

接收的输入参数包括：

① Input：输入数据集合，分类标签 lable 为 1.0 或 0.0，feature 为 Double 类型。

② numIterations：迭代次数，默认为 100。

③ stepSize：迭代步伐大小，默认为 1.0。

④ miniBatchFraction：每次迭代参与计算的样本比例，默认为 1.0。

⑤ initialWeights：weight 向量初始值，默认为 0 向量。

⑥ regParam：regularization 正则化控制参数，默认为 0.0。

在 Logistic Regression With SGD 中使用了 SGD 优化 weight 参数。在更新的 Spark 版本中，还提供了 L-BFGS 等训练方法。

(3) GeneralizedLinearModel 类。LogisticRegressionWithSGD 中的 run 方法会调用 GeneralizedLinearModel 中的 run 方法来训练数据。

在 run 方法中最关键的就是 optimize 方法，通过它求得 weightMatrix 的最优解。

2) 算法效果评估

在使用训练数据得到 LR 模型后，需要使用测试数据对 LR 模型进行评估以获知模型的好坏。Spark MLlib 中提供了多种算法效果的评估方法，这些方法主要包含在 Binary Classification Metrics 类中。

分类模型评估时通常会用到混淆矩阵(Confusion Matrix)，如表 6-1 所示。

表 6-1　状态 TP、FP、FN、TN 定义表

		预　　测	
		1	0
实际	1	True Positive (TP)	Frue Negative (FN)
	0	False Positive (FP)	True Negative (TN)

基于混淆矩阵中的 TP、FP、FN 和 TN 等相关指标，介绍三种评估方法：

(1) ROC(Recciver Operating Characteristic，接收者操作特征)。

$$\text{TruePositiveRate (TPR)} = \frac{\text{TP}}{\text{TP}+\text{FN}}$$

$$\text{FalsePositiveRate (FPR)} = \frac{\text{FP}}{\text{FP}+\text{TN}}$$

调整分类器 threshold 取值，以 FPR 为横坐标，TPR 为纵坐标作 ROC 曲线。

Area Under roc Curve(AUC)：处于 ROC curve 下方部分面积的大小。通常，AUC 的值为 0.5～1.0，AUC 越大性能越好(见图 6-17)。

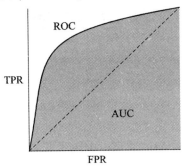

图 6-17　AUC 图

(2) precision-recall(准确率-召回率)。

$$precision = \frac{TP}{TP + FP}$$

$$recall = \frac{TP}{TP + FN}$$

准确率和召回率是互相影响的，理想情况下是使两者都高。但是一般情况下，准确率高，召回率就低；召回率低，准确率就高。

(3) F 度量。F 度量是精度和召回率的调和均值，权重相等，表示为

$$F = \frac{2 \times precision \times recall}{precision + recall}$$

F_β 是精度和召回率的加权度量，召回率的权重是精度的 β 倍，表示为

$$F_\beta = \frac{(1 + \beta^2)precision \times recall}{\beta^2 \times precision + recall}$$

课后思考

1. 数据分析主要包括哪几方面？
2. 试分析系统的总体架构示意图。
3. 简述离线报表分析的步骤。

参 考 文 献

[1] 王晓华，罗凯靖. Spark 3.0 大数据分析与挖掘[M]. 北京：清华大学出版社，2022.
[2] 王磊. 图解 Spark：大数据快速分析实战[M]. 北京：人民邮电出版社，2022.
[3] 刘仁山，周洪翠，庄新妍. Spark 大数据处理技术[M]. 北京：中国水利水电出版社，2022.
[4] 赵渝强. 大数据原理与实战[M]. 北京：中国水利水电出版社，2022.
[5] 黄史浩. 大数据原理与技术[M]. 北京：人民邮电出版社，2021.
[6] 翟俊海，张素芳. Hadoop/Spark 大数据机器学习[M]. 北京：科学出版社，2021.
[7] 李智慧. 大数据技术架构：核心原理与应用实践[M]. 北京：电子工业出版社，2021.
[8] 杨俊. 实战大数据(Hadoop + Spark + Flink)[M]. 北京：机械工业出版社，2021.
[9] 张伟洋. Spark 大数据分析实战[M]. 北京：清华大学出版社，2020.
[10] 吴明晖，周苏. 大数据分析[M]. 北京：清华大学出版社，2020.
[11] 林子雨. 大数据导论[M]. 北京：人民邮电出版社，2020.
[12] 林正炎，等. 大数据教程：数据分析原理和方法[M]. 北京：科学出版社，2020.
[13] 肖力涛. Spark Streaming 实时流式大数据处理实战[M]. 北京：机械工业出版社，2019.
[14] 赵红艳，许桂秋. Spark 大数据技术与应用[M]. 北京：人民邮电出版社，2019.
[15] 董西成. 大数据技术体系详解：原理、架构与实践[M]. 北京：机械工业出版社，2018.
[16] 刘鹏. 大数据[M]. 北京：电子工业出版社，2017.
[17] 王晓华. Spark MLlib 机器学习实践[M]. 北京：清华大学出版社，2017.
[18] 于俊，向海，代其锋，等. Spark 核心技术与高级应用[M]. 北京：机械工业出版社，2016.
[19] 刘军，林文辉，方澄. Spark 大数据处理：原理、算法与实例[M]. 北京：清华大学出版社，2016.
[20] 林子雨. 大数据技术原理与应用[M]. 北京：人民邮电出版社，2016.
[21] 张良均，等. Hadoop 大数据分析与挖掘实战[M]. 北京：机械工业出版社，2015.